国家电网有限公司
重大、较大安全隐患排查清单
（试 行）

国家电网有限公司　发布

中国电力出版社

CHINA ELECTRIC POWER PRESS

图书在版编目（CIP）数据

国家电网有限公司重大、较大安全隐患排查清单：试行 / 国家电网有限公司发布. —北京：中国电力出版社，2022.8

ISBN 978-7-5198-6993-9

Ⅰ. ①国…　Ⅱ. ①国…　Ⅲ. ①电力工业–工业企业管理–安全隐患–安全检查–中国　Ⅳ. ①TM08

中国版本图书馆 CIP 数据核字（2022）第 144280 号

出版发行：中国电力出版社

地　　址：北京市东城区北京站西街 19 号（邮政编码 100005）

网　　址：http://www.cepp.sgcc.com.cn

责任编辑：薛　红　周秋慧

责任校对：黄　蓓　常燕昆

装帧设计：赵丽媛

责任印制：石雷

印　　刷：三河市百盛印装有限公司

版　　次：2022 年 8 月第一版

印　　次：2022 年 8 月北京第一次印刷

开　　本：710 毫米×1000 毫米　16 开本

印　　张：5.25

字　　数：87 千字

印　　数：00001—50000 册

定　　价：25.00 元

国家电网有限公司关于印发
重大、较大安全隐患排查清单
（试行）的通知

（国家电网安监〔2022〕273号）

总部各部门，各机构，公司各单位：

为进一步加强公司安全隐患排查治理工作，压实各单位、各专业安全隐患排查治理责任，推动隐患标准化排查、分层分级治理。公司安委办组织各专业部门，依据安全生产法律法规、规程标准和公司安全管理规章制度，结合近年来安全事故（事件）暴露的典型问题，编制了公司《重大、较大安全隐患排查清单（试行）》，现予印发并提出如下要求，请遵照执行。

一、隐患排查清单是公司《安全隐患排查治理管理办法》运转的基础，是指导各级单位准确判定、及时治理安全隐患的重要依据，各单位要高度重视，抓好公司《重大、较大安全隐患排查清单》宣贯培训，并结合本单位实际，进一步健全完善较大、一般隐患排查清单，形成本单位安全隐患排查清单体系。

二、各单位是隐患排查的责任主体，各级安委会要组织做好本单位隐患排查清单编制审查、宣贯培训，将隐患排查治理作为二季度重点任务进行部署；各级专业部门按照"管业务必须管安全"的原则，对照隐患排查清单，组织做好本专业安全隐患全面排查，确保6月底前完成年度排查任务，纳入闭环整改。

三、各级安监部门要将隐患排查清单作为检查隐患排查治理开展实效的抓手，利用安全巡查、专家抽查、"四不两直"和远程视频督查等手段，对所属单位隐患排查开展情况进行督导检查，对检查中发现已列入清单但并未被排查出的隐患，按照"隐患就是事故"的原则，对照安全事件对相关责任单位进行惩处，对存在重大隐患不排查不治理的纳入企业负责人业绩考核。

鉴于公司安全生产工作涉及行业（领域）广泛，各单位隐患排查任务不限于本"排查清单"。各级单位在试行过程中，对隐患排查清单如有相关意见和建议，请及时报公司安委办。

国家电网有限公司（印）

2022 年 4 月 20 日

目　　录

系统运行安全隐患排查清单

序号	隐患等级	隐患性质	隐患分类	专业子类	隐患内容	判定依据	查证方法	责任部门	隐患编号
1	重大	设备类	系统运行	网架结构	220kV 及以上电网不满足 $N-1$ 校核，发生单一元件 $N-1$ 故障后将造成一般及以上电网事故	《电力系统安全稳定导则》（GB 38755—2019）4.2.2	电网年度方式校核	调控中心	XT1101
2	重大	设备类	系统运行	网架结构	变电站母线短路电流超过断路器额定遮断能力，在采取线路出串、拉停等措施后，短路电流仍超出断路器额定遮断能力，或因设备原因母线或出线故障断路器仍不能可靠切除故障	《防止电力生产事故的二十五项重点要求》22.2.1.4	电网年度方式校核	调控中心、设备部	XT1102
3	重大	设备类	系统运行	密集通道	密集通道、特高压交叉跨越未落实绝缘子双挂、线夹补强、非独改造等防倒塔、断线措施，密集通道内存在山火易燃物、施工外破、漂浮异物	《国家电网有限公司关于印发加强密集通道安全运行重点措施的通知》（国家电网设备〔2021〕312 号）	现场巡查	设备部	XT1103
4	重大	人员类	系统运行	三道防线	安全稳定控制装置参数、策略、定值等未按最新定值单整定	《国家电网有限公司十八项电网重大反事故措施（2018 年修订版）及编制说明》15.4.1	现场检查、资料检查	调控中心	XT1301
5	较大	设备类	系统运行	三道防线	220kV 及以上继电保护、稳控装置及其关联设备不满足双重化配置要求，直流电源、二次回路、保护通道等未独立	《国家电网有限公司十八项电网重大反事故措施（2018 年修订版）及编制说明》15.1.4	现场检查	调控中心	XT2101
6	较大	设备类	系统运行	三道防线	220kV 及以上继电保护及安全自动装置设备老化，超期服役（运行超 15 年），插件老化、缺陷频发、备品备件不足	《国家电网有限公司电网生产技术改造工作管理规定》[国网（运检/2）157—2020] 6.3.3.5.1	现场检查、资料检查	调控中心	XT2102
7	较大	设备类	系统运行	三道防线	220kV 及以上继电保护及安全自动装置、合并单元、智能终端存在家族性缺陷且未完成整改	《继电保护和安全自动装置运行管理规程》（DL/T 587）4.3.4	现场检查、资料检查	调控中心	XT2103

序号	隐患等级	隐患性质	隐患分类	专业子类	隐患内容	判定依据	查证方法	责任部门	隐患编号
8	较大	设备类	系统运行	三道防线	220kV 及以上电压互感器二次回路多点接地，开口三角零序电压二次回路短接	《国家电网有限公司十八项电网重大反事故措施（2018 年修订版）及编制说明》15.6.4	现场检查	调控中心	XT2104
9	较大	设备类	系统运行	三道防线	220kV 及以上电流互感器二次回路多点接地，二次绕组分配错误存在保护死区，保护准确级使用错误、极性错误	《国家电网有限公司十八项电网重大反事故措施（2018 年修订版）及编制说明》15.6.4	现场检查、资料检查	调控中心	XT2105
10	较大	设备类	系统运行	三道防线	220kV 及以上继电保护及安全自动装置二次回路电缆对地绝缘电阻不合格（应大于20MΩ）	《继电保护及安全自动装置验收规范》（Q/GDW 11486—2022）7.5.1.7	绝缘测试	调控中心	XT2106
11	较大	设备类	系统运行	三道防线	220kV 及以上继电保护及安全自动装置直流空开、交流空开级差配合不合理，直流系统采用交流空开	《直流电源系统设备技术监督导则》（Q/GDW 11078）	现场检查、资料检查	调控中心	XT2107
12	较大	设备类	系统运行	三道防线	换流站低压电抗器、低压电容器保护动作后无法闭锁无功控制装置，造成开关短时间内多次分合	某换流站 35kV 电抗器保护动作后未闭锁 RPC 导致开关多次分合	现场检查	调控中心	XT2108
13	较大	设备类	系统运行	三道防线	户外布置 220kV 及以上变压器的气体继电器、油流速动继电器未加装防雨罩	《国家电网有限公司十八项电网重大反事故措施（2018 年修订版）及编制说明》9.3.2.1	现场检查、资料检查	设备部	XT2109
14	较大	设备类	系统运行	调度自动化	调度自动化主要功能节点未采用冗余双机、双网卡、双电源配置，数据库、基础平台、关键应用模块未采用双机或集群功能	《国调中心关于印发〈国家电网公司省级以上调度机构安全生产保障能力评估办法 2021〉的通知》	现场检查、资料检查	调控中心	XT2110
15	较大	设备类	系统运行	调度自动化	自动化主站系统运行的操作系统、数据库、平台、应用软件等存在已知严重缺陷和漏洞	《国调中心关于开展调度自动化主站系统"排雷"行动的通知》（调自〔2019〕74 号）	现场检查、资料检查	调控中心	XT2111
16	较大	设备类	系统运行	调度自动化	电力调度数据网设备采用未经入网检测的产品，型号、软件版本等信息与检测标准不一致	《电力调度数据网设备测试规范》（DL/T 1379—2014）6.3	现场检查、资料检查	调控中心	XT2112

序号	隐患等级	隐患性质	隐患分类	专业子类	隐患内容	判定依据	查证方法	责任部门	隐患编号
17	较大	设备类	系统运行	调度自动化	调度数据网不满足双平面要求，导致网络级别的冗余保障不足	《电力调度数据网技术规范》（DL/T 1306—2013）5.1.3	现场检查、资料检查	调控中心	XT2113
18	较大	设备类	系统运行	调度自动化	调度数据网核心、骨干/汇聚节点之间互联链路不具备两条相互独立物理路由，核心、骨干/汇聚节点间电路带宽不足	《电力调度数据网技术规范》（DL/T 1306—2013）5.3.2、5.3.3、5.3.4	现场检查、资料检查	调控中心	XT2114
19	较大	设备类	系统运行	调度自动化	统调厂站监控服务器、测控装置、交换机、路由器等自动化设备不满足双电源供电	《国调中心关于开展国调直调厂站自动化系统"排雷"行动的通知》（调自〔2019〕28号）	现场检查、资料检查	调控中心	XT2115
20	较大	设备类	系统运行	调度自动化	统调厂站数据通信网关机缓存机制设置错误，误设置缓存历史变化遥测和遥信；主、备双机机制参数配置错误	《国调中心关于开展国调直调厂站自动化系统"排雷"行动的通知》（调自〔2019〕28号）	现场检查、资料检查	调控中心	XT2116
21	较大	设备类	系统运行	调度自动化	统调厂站测控装置、PMU装置不满足测量精度要求，采集点不齐全	《国调中心关于开展国调直调厂站自动化系统"排雷"行动的通知》（调自〔2019〕28号）	现场检查、资料检查	调控中心	XT2117
22	较大	设备类	系统运行	调度自动化	备用调度控制系统及其通道未独立配置，未实现全业务备用	《国家电网有限公司十八项电网重大反事故措施（2018年修订版）及编制说明》16.1.1.3	现场检查、资料检查	调控中心	XT2118
23	较大	设备类	系统运行	三道防线	220kV及以上保护装置测量电气量存在较大零漂，定检、大修或出现报警后未进行检查	《继电保护和电网安全自动装置检验规程》（DL/T 995—2016）5.3.3.6	现场检查	设备部	XT2119
24	较大	管理类	系统运行	三道防线	继电保护及安全自动装置未按规定定期开展校验（包括首检、部检和全检等）	《继电保护和电网安全自动装置检验规程》（DL/T 995—2016）5.2；《电网安全自动装置检验规范》（Q/GDW 11488—2015）5.2	现场检查、资料检查	调控中心	XT2201
25	较大	管理类	系统运行	三道防线	智能变电站配置文件未执行统一管理、变更审批等要求	《国家电网有限公司十八项电网重大反事故措施（2018年修订版）及编制说明》15.4.6	现场检查、资料检查	调控中心	XT2202

续表

序号	隐患等级	隐患性质	隐患分类	专业子类	隐患内容	判定依据	查证方法	责任部门	隐患编号
26	较大	管理类	系统运行	三道防线	智能站装置配置文件变更后，未对极性、延时、变比、虚端子连接等配置情况进行核查	《国家电网公司智能变电站配置文件运行管理规定》[国网（调4）809号]	现场检查、资料检查	调控中心	XT2203
27	较大	管理类	系统运行	三道防线	220kV及以上电铁牵引站供电线路未配置全线速动保护，可能导致不正确动作	《牵引站供电线路的继电保护配置及整定计算原则》（GB/T 38435—2019）5.4	现场检查、资料检查	调控中心	XT2204
28	较大	管理类	系统运行	三道防线	继电保护定值不满足整定规程要求，与电网运行方式不适应，零序保护级差配合不合理	《220kV～750kV电网继电保护装置运行整定规程》（DL/T 559）；《3kV～110kV电网继电保护装置运行整定规程》（DL/T 584）	各级调度定值核查	调控中心	XT2205
29	较大	管理类	系统运行	三道防线	继电保护及安全自动装置现场运行规程未严格执行编制、审核要求，设备新增、更换后修订不及时，规程内容不符合站内实际情况	《继电保护和安全自动装置运行管理规程》（DL/T 587）5.6	现场检查、资料检查	调控中心	XT2206
30	较大	管理类	系统运行	密集通道	未将密集通道纳入地方公共安全管理范畴、社会治安综合管理责任考核范畴和防灾减灾救灾体系	《国家电网有限公司关于印发加强密集通道安全运行重点措施的通知》（国家电网设备〔2021〕312号）	资料核查	设备部	XT2207
31	较大	管理类	系统运行	电力保供	有序用电方案不满足优化保障应急指挥和处置部门等6类重要客户用电需求，有序用电方案制定未覆盖最大负荷的20%缺口，有序方案执行未履行报备手续	《国家电网有限公司有序用电工作指引（试行）》（国家电网营销〔2021〕573号）	查阅有序用电方案	营销部	XT2208
32	较大	管理类	系统运行	电力保供	事故拉闸限电容量和负荷分布不满足电网故障情况下的应急处置和安全运行需要；未将序位表内无法移除的民生负荷情况向政府电力主管部门汇报	《国调中心关于紧急开展事故限电和超计划用电限电序位表负荷核查的通知》（调调〔2021〕44号）	核查向政府报批的文件，自动化系统查证	调控中心	XT2209

序号	隐患等级	隐患性质	隐患分类	专业子类	隐患内容	判定依据	查证方法	责任部门	隐患编号
33	较大	管理类	系统运行	电力保供	未按照服务、通知、报告、督导"四到位"要求开展重要用户供电电源方式、自备应急电源配置、输变电设备运维情况检查，未对检查发现的问题及时告知客户、报告政府有关部门	《客户用电安全管理提升三年行动实施方案的通知》（国家电网营销〔2020〕550号）《防止电力生产事故的二十五项重点要求》22.3	现场检查、资料检查	营销部	XT2210
34	较大	人员类	系统运行	三道防线	220kV及以上保护装置保护定值区、定值参数、控制字与调度定值单不一致，软压板未正确投入	《国家电网有限公司十八项电网重大反事故措施（2018年修订版）及编制说明》15.4.1	现场检查、资料检查	调控中心	XT2301
35	较大	人员类	系统运行	三道防线	220kV及以上继电保护及安全自动装置空开、把手、压板投入状态与实际运行要求不一致	《继电保护和安全自动装置运行管理规程》（DL/T 587）5.3	现场检查、自动化系统查证	调控中心	XT2302
36	较大	人员类	系统运行	三道防线	直流控保系统异常处理完毕恢复运行前，出口跳闸信号未及时复归	《国家电网有限公司十八项电网重大反事故措施（2018年修订版）及编制说明》8.5.1.4	现场检查	调控中心	XT2303
37	较大	人员类	系统运行	三道防线	换流站运行人员控制系统（OWS）上稳控功能软压板未按要求投入	《国家电网有限公司稳控系统精益化评价细则》（调继〔2020〕12号）	现场检查	调控中心	XT2304
38	较大	人员类	系统运行	调度自动化	在电力监控系统运行环境中进行新设备研发和测试工作，电力监控系统传动试验时未指派专人现场监护	《国家电网公司电力安全工作规程（电力监控部分）（试行）》5.7、5.16	现场检查	调控中心	XT2305

设备设施安全隐患排查清单

序号	隐患等级	隐患性质	隐患分类	专业子类	隐患内容	判定依据	查证方法	责任部门	隐患编号
1	重大	设备类	设备设施	直流	换流变压器（油浸式平波电抗器）乙炔等特征气体明显增高，铁心夹件接地电流明显增大，内部存在局部放电，绝缘电阻和介质损耗试验数据超标	《国家电网公司直流检修管理规定》	在线监测、油色谱、局部放电检测、例行试验	设备部	SS1101
2	重大	设备类	设备设施	直流	针对 ABB 公司 GOE 型拉杆式网侧套管拉杆处至接线底座连接系统机械强度设计裕度偏小缺陷，换流站在运同类型 GOE 套管未完成新型拉杆和紫铜底座更换的	《关于印发直流换流站 ABB、MR 真空有载分接开关隐患治理工作方案的通知》（设备直流〔2020〕28 号）	资料核查、现场检查	设备部	SS1102
3	重大	设备类	设备设施	直流	针对 ABB 公司真空型分接开关球墨铸铁传动轴铸造缩孔和加工质量缺陷，换流站在运同类型 ABB 分接开关未完成主驱动轴和顶盖整改的	《关于印发直流换流站 ABB、MR 真空有载分接开关隐患治理工作方案的通知》（设备直流〔2020〕28 号）	资料核查、现场检查	设备部	SS1103
4	重大	设备类	设备设施	直流	针对 MR 真空型分接开关芯体绝缘能力不足等缺陷，换流站在运 MR 分接开关未完成芯体绝缘加强和隔离异物整改的	《关于印发直流换流站 ABB、MR 真空有载分接开关隐患治理工作方案的通知》（设备直流〔2020〕28 号）	资料核查、现场检查	设备部	SS1104
5	重大	设备类	设备设施	输电	750kV 及以上架空线路杆塔基础出现较大沉陷、严重开裂和显著上拔；铁塔主材弯曲度超标、连接螺栓松动；导、地线出现损伤、断股、严重腐蚀，金具本体出现变形、裂纹	《架空输电线路运行规程》（DL/T 741—2019）5.1、5.2、2.3、5.4	现场巡视	设备部	SS1105
6	重大	设备类	设备设施	输电	110（66）kV 及以上高压电缆一、二级通道中，中性点非有效接地方式的电力电缆线路未完成中性点接地方式改造，或采取无防火防爆隔离措施	《国家电网有限公司十八项电网重大反事故措施（2018年修订版）及编制说明》13.2.2.7	现场巡视	设备部	SS1106

序号	隐患等级	隐患性质	隐患分类	专业子类	隐患内容	判定依据	查证方法	责任部门	隐患编号
7	重大	设备类	设备设施	变电	750kV 及以上变压器（高压电抗器）油温明显跃变，乙炔、乙烯等特征气体明显增高，铁心夹件接地电流明显增大，内部存在局部放电、绝缘电阻和介质损耗试验数据超标	《国家电网公司变电检修管理规定（试行）》	现场巡视、油色谱、局部放电检测、例行试验	设备部	SS1107
8	重大	设备类	设备设施	变电	针对 ABB 公司 GOE 型拉杆式套管拉杆处至接线底座连接系统机械强度设计裕度偏小缺陷，特高压交流站在运同类型 GOE 套管未完成新型拉杆和紫铜底座更换的	《国家电网有限公司关于加快推进电网设备重点隐患治理工作的通知》（国家电网设备〔2021〕8 号）	现场巡视、出厂资料核查	设备部	SS1108
9	重大	设备类	设备设施	变电	因电气设备结构型式和本身缺陷（如不可触及隔室误开启等），在倒闸操作过程中可能导致人身伤亡的	《国家电网有限公司十八项电网重大反事故措施（2018 年修订版）及编制说明》12.1、12.2、12.3、12.4；《国网设备部关于开展 10（6）～35kV 高压开关柜人身伤害风险隐患专项排查工作的通知》（设备变电〔2022〕6 号）	图纸资料、例行试验	设备部	SS1109
10	重大	设备类	设备设施	通用	未按要求安装防误闭锁装置，防误闭锁装置失效或功能不完善可能导致带负荷拉隔离开关、带电挂（合）接地线（接地开关）等恶性操作	《国家电网有限公司十八项电网重大反事故措施（2018 年修订版）及编制说明》4；《防止变电站电气误操作十二项措施》；《国家电网有限公司防止电气误操作安全管理规定》（国家电网安监〔2018〕1119 号）	现场巡视、倒闸操作	设备部	SS1110
11	较大	设备类	设备设施	直流	±125kV 及以上换流变压器（油浸式平波电抗器）套管出现漏油、温度出现异常，乙炔、乙烯等特征气体明显增高，介质损耗电容量超标	《国家电网公司直流检修管理规定》	现场巡视、油色谱、带电检测、例行试验	设备部	SS2101
12	较大	设备类	设备设施	直流	±125kV 及以上换流变压器分接开关油温异常，乙炔、乙烯等特征气体超标	《国家电网公司直流检修管理规定》	油色谱、带电局部放电测试	设备部	SS2102

续表

序号	隐患等级	隐患性质	隐患分类	隐患子类	专业子类	隐患内容	判定依据	查证方法	责任部门	隐患编号
13	较大	设备类	设备设施	直流		±50kV 及以上干式电抗器隔声罩顶部、底部未设有防止鸟类进入措施，顶部未设置防雨格栅	《国家电网有限公司防止换流站事故措施修订版》11.2.2、11.2.3	现场巡视	设备部	SS2103
14	较大	设备类	设备设施	直流		±125kV 及以上换流阀阀模块、阀塔光纤存在间歇性放电，元件损坏、光纤断裂、阀触发和回报脉冲丢失	《国家电网有限公司防止换流站事故措施修订版》3.2.1、3.2.2	现场巡视、带电检测、信号监控	设备部	SS2104
15	较大	设备类	设备设施	直流		±50kV 及以上直流断路器操动机构分合闸缓冲器漏油、操作裕度不足造成分合闸不到位	《国家电网有限公司防止换流站事故措施修订版》8.1.33、8.5.6	现场巡视、例行试验	设备部	SS2105
16	较大	设备类	设备设施	直流		±50kV 及以上电流互感器选型错误、CT 暂态特性不一致；光 CT 受震动、低温影响等导致测量异常	《国家电网有限公司防止换流站事故措施修订版》9.1.2、9.1.3	现场巡视、图纸资料	设备部	SS2106
17	较大	设备类	设备设施	直流		±50kV 及以上电流互感器、直流分压器外表面污秽严重、介质损耗试验数据超标，测量传输模块未配置两路独立电源供电	《国家电网有限公司防止换流站事故措施修订版》9.1.21、9.3.8	现场巡视、在线监测	设备部	SS2107
18	较大	设备类	设备设施	直流		330kV 及以上电容器塔的支撑钢梁及等电位线连接处无防止鸟类筑鸟巢措施，电容器等电位排、均压环等金属裸露部分以及连接电容器的多股软连接线、接头未进行绝缘化处理	《国家电网有限公司防止换流站事故措施修订版》10.2.8	现场巡视	设备部	SS2108
19	较大	设备类	设备设施	直流		直流系统保护（含双极/极/换流器保护、换流变压器保护、交直流滤波器保护）未采用三重化或双重化配置，各套保护出口前存在电气联系，跳闸回路存在动断触点	《国家电网有限公司防止换流站事故措施修订版》5.1.25、6.1.1	现场巡视、图纸资料	设备部	SS2109
20	较大	设备类	设备设施	直流		直流控制系统存在非独立的硬件设备（包括主机、板卡、电源、输入/输出回路和控制软件），或每极各层控制设备间、极间存在有公用的输入/输出（I/O）设备	《国家电网有限公司防止换流站事故措施修订版》5.1.1	现场巡视、图纸资料	设备部	SS2110

序号	隐患等级	隐患性质	隐患分类	专业子类	隐患内容	判定依据	查证方法	责任部门	隐患编号
21	较大	设备类	设备设施	直流	阀内冷系统循环水系统主泵轴封破裂、阀塔水管断裂、主泵出水止回阀弹簧及卡销故障、主过滤器堵塞、管道法兰密封不严	《国家电网有限公司防止换流站事故措施修订版》8.5.28、8.5.31	现场巡视	设备部	SS2111
22	较大	设备类	设备设施	直流	阀内冷系统传感器故障或探头受损,通信回路故障等导致采样异常	《国家电网有限公司防止换流站事故措施修订版》8.5.33	现场巡视、信号监控	设备部	SS2112
23	较大	设备类	设备设施	直流	10kV/400V 站用交流电源备自投与阀内冷系统未在系统调试前完成各级站用电源切换、定值检定、内冷水主泵切换试验	《国家电网有限公司防止换流站事故措施修订版》12.3.1	现场巡视、查阅资料	设备部	SS2113
24	较大	设备类	设备设施	直流	双水内冷调相机定子线棒层间温差或引水管同层出水温差超过 8K;轴瓦温度升高、振动变大;励磁碳刷产生火花	《国家电网有限公司防止换流站事故措施修订版》1.5.5	现场巡视、在线监测	设备部	SS2114
25	较大	设备类	设备设施	直流	调相机润滑油泵故障;定转子水系统故障;定转子水系统加药故障	《国家电网有限公司防止换流站事故措施修订版》11.4.8	现场巡视	设备部	SS2115
26	较大	设备类	设备设施	直流	交直流开关场未按照"能配尽配"原则配置完善机械联锁、电气联锁和软件联锁	《国家电网有限公司防止换流站事故措施修订版》8.2.51	现场巡视、图纸资料	设备部	SS2116
27	较大	设备类	设备设施	直流	设备基础沉降超过限值导致电缆、光缆划伤、折断	《国家电网有限公司防止换流站事故措施修订版》8.3.17、8.5.3、9.1.20	现场巡视	设备部	SS2117
28	较大	设备类	设备设施	输电	500kV 及以上重要输电通道处于山火易发区线路,未采用高跨设计且未开展通道清理	《国家电网有限公司十八项电网重大反事故措施（2018年修订版）及编制说明》6.7.1.3	现场巡视	设备部	SS2118
29	较大	设备类	设备设施	输电	110kV 及以上"三跨"区段杆塔未采取独立耐张段跨越、未采用双挂点设计、导地线接头数量不满足要求	《国家电网有限公司十八项电网重大反事故措施（2018年修订版）及编制说明》6.8.1.5～6.8.1.12	现场巡视	设备部	SS2119
30	较大	设备类	设备设施	输电	750kV 及以上架空线路电力设施保护区内存在机械施工,未设立限高警示牌或采取其他有效保护措施	《国家电网有限公司十八项电网重大反事故措施（2018年修订版）及编制说明》6.7.2.3	现场巡视	设备部	SS2120

序号	隐患等级	隐患性质	隐患分类	专业子类	隐患内容	判定依据	查证方法	责任部门	隐患编号
31	较大	设备类	设备设施	输电	500kV 及以下架空线路杆塔基础出现较大沉陷、严重开裂和显著上拔；铁塔主材弯曲度超标、连接螺栓松动；导、地线出现损伤、断股、严重腐蚀，金具本体出现变形、裂纹	《架空输电线路运行规程》（DL/T 741—2019）5.1、5.2、2.3、5.4	现场巡视	设备部	SS2121
32	较大	设备类	设备设施	输电	220kV 及以上架空线路杆塔处于中、重冰区线路未采取增加直线塔、缩短耐张段长度、合理补强杆塔等防冰害措施	《国家电网有限公司十八项电网重大反事故措施（2018年修订版）及编制说明》6.5.2.2	现场巡视、图纸资料	设备部	SS2122
33	较大	设备类	设备设施	输电	220kV 及以上架空线路处于微地形、微气象区，40°以上转角塔的外角侧跳线串未使用双串绝缘子、加装重锤；15°以内的转角内外侧未加使用跳线绝缘子串	《国家电网有限公司十八项电网重大反事故措施（2018年修订版）及编制说明》6.4.1.2	现场巡视	设备部	SS2123
34	较大	设备类	设备设施	输电	66kV 及以上一、二级高压电缆通道附近存在工地，并在电缆保护区内有施工	《电力设施保护条例》第十七条	现场巡视	设备部	SS2124
35	较大	设备类	设备设施	输电	66kV 及以上电缆通道沿线及其内部、隧道通风口（亭）外部积存易燃、易爆物	《国家电网有限公司十八项电网重大反事故措施（2018年修订版）及编制说明》13.2.2.2	现场巡视	设备部	SS2125
36	较大	设备类	设备设施	输电	66kV 及以上电缆通道工作井正下方的电缆，未采取防止坠落物体损伤电缆的保护措施	《电力电缆及通道运维规程》（Q/GDW 1512—2014）8.5.2	现场巡视	设备部	SS2126
37	较大	设备类	设备设施	输电	人员密集区域或有防爆要求场所66kV 及以上电缆终端未采用复合套管	《国家电网有限公司十八项电网重大反事故措施（2018年修订版）及编制说明》13.1.1.3、13.1.3.6	现场巡视、图纸资料	设备部	SS2127
38	较大	设备类	设备设施	输电	与66kV 及以上电力电缆同通道敷设的低压电缆、通信光缆未采取防火槽盒、防火隔板、阻燃管等防火隔离措施	《国家电网有限公司十八项电网重大反事故措施（2018年修订版）及编制说明》13.2.1.3	现场巡视	设备部	SS2128

序号	隐患等级	隐患性质	隐患分类	专业子类	隐患内容	判定依据	查证方法	责任部门	隐患编号
39	较大	设备类	设备设施	变电	110（66）～500kV 变压器（高压电抗器）油温明显增高，乙炔、乙烯等特征气体明显变化，铁心夹件接地电流明显增大，内部存在局部放电、绝缘电阻和介质损耗试验数据超标	《国家电网公司变电检修管理规定（试行）》	现场巡视、油色谱、局部放电检测、例行试验	设备部	SS2129
40	较大	设备类	设备设施	变电	110（66）kV 及以上在运变压器的抗短路能力校核不满足要求	《国家电网公司变电检修管理规定（试行）》	抗短路能力核定、例行试验	设备部	SS2130
41	较大	设备类	设备设施	变电	110（66）～500kV 变压器（高压电抗器）套管渗漏油、红外测温发现套管内部发热、带电检测发现套管内部存在局部放电、套管介质损耗及电容量数据超标	《国家电网公司变电检修管理规定（试行）》	现场巡视、油色谱、局部放电检测、例行试验	设备部	SS2131
42	较大	设备类	设备设施	变电	110（66）～500kV 变压器（高压电抗器）选用的分接开关直流电阻和变比超标	《国家电网公司变电检修管理规定（试行）》	例行试验	设备部	SS2132
43	较大	设备类	设备设施	变电	沈阳传奇电气有限公司750kV 套管（BRDLW－800/2000－4）伞裙间距较密，未完成防雨闪能力不足改造的	案例：2020 年 6 月 13 日，750kV 泾渭变电站 1、4 号主变压器跳闸	现场巡视、图纸资料	设备部	SS2133
44	较大	设备类	设备设施	变电	330kV 及以上断路器（含组合电器）液压机构高压回路快速渗漏、在传动过程中或特性试验中存在卡滞、拒动	《国家电网有限公司十八项电网重大反事故措施（2018年修订版）及编制说明》12.1.2.6；《国家电网公司变电运维管理规定（试行）第二分册 断路器运维细则》[国网（运检/3）828—2017]1.3.1、2.1.2.3、4.7.2	现场巡视、传动试验	设备部	SS2134
45	较大	设备类	设备设施	变电	330kV 及以上组合电器内部局部放电异常、断路器合闸电阻数值与预投入时间测试结果异常	《国家电网有限公司十八项电网重大反事故措施（2018年修订版）及编制说明》12.1.2.2；《国家电网公司变电检修管理规定（试行）》[国网（运检/3）829—2017]	带电检测、例行试验	设备部	SS2135

序号	隐患等级	隐患性质	隐患分类	专业子类	隐患内容	判定依据	查证方法	责任部门	隐患编号
46	较大	设备类	设备设施	变电	330kV 及以上断路器绝缘子本体存在制造缺陷、金属法兰与瓷件间防水密封胶缺损	《国家电网有限公司十八项电网重大反事故措施（2018年修订版）及编制说明》12.1.1.1、12.1.1.11、12.2.1.12	现场巡视	设备部	SS2136
47	较大	设备类	设备设施	变电	德国雷兹（OSKF-550）、阿海珐（阿尔斯通，CTH-550）等油浸倒立式电流互感器绝缘裕度不足、耐受过电压能力差、膨胀器选型不合理	案例：2021 年 5 月 29 日，500kV 王店变电站 5071CTA 相本体故障	现场巡视、资料检查	设备部	SS2137
48	较大	设备类	设备设施	变电	开关柜母线外露、防误功能不完善，不满足母线室、断路器室、电缆室相互独立要求，未通过内部燃弧试验（燃弧时间不小于 0.5s，试验电流为额定短时耐受电流）	《国家电网有限公司十八项电网重大反事故措施（2018年修订版）及编制说明》4.2.10、12.4.1.4	现场巡视、图纸资料	设备部	SS2138
49	较大	设备类	设备设施	变电	110（66）～220kV 敞开式变电站进出线间隔入口处未加装避雷器	《国家电网有限公司十八项电网重大反事故措施（2018年修订版）及编制说明》14.2.1.2	现场巡视	设备部	SS2139
50	较大	设备类	设备设施	变电	10～35kV 消弧线圈补偿容量不满足过补偿要求导致弧光接地过电压	《国家电网有限公司十八项电网重大反事故措施（2018年修订版）及编制说明》14.5.1	现场巡视、图纸资料	设备部	SS2140
51	较大	设备类	设备设施	变电	750kV 及以上站用交流电源系统备自投不具备低压母线故障闭锁功能，或低压脱扣装置无延时整定	《国家电网有限公司十八项电网重大反事故措施（2018年修订版）及编制说明》5.2.1.5、5.2.1.8	现场巡视、装置检查	设备部	SS2141
52	较大	设备类	设备设施	变电	750kV 及以上交直流回路共用电缆，或控制电缆与动力电缆并排铺设且未采取防火隔离措施	《国家电网有限公司十八项电网重大反事故措施（2018年修订版）及编制说明》5.3.2.3	现场巡视	设备部	SS2142
53	较大	设备类	设备设施	变电	监控系统工作站/服务器、数据通信网关机、测控装置、交换机、同步时钟等自动化设备单电源供电、备品备件不足、设备超期服役等。数据通信网关机误发或漏发数据、设备软件自动重启通信主进程初始化过程中缓存区数据未完成采集、测控/PMU测量精度超标、检验超周期等	《国调中心关于开展国调直调厂站自动化系统"排雷"行动的通知》（调自〔2019〕28号）	现场巡视	设备部、调控中心	SS2143

序号	隐患等级	隐患性质	隐患分类	专业子类	隐患内容	判定依据	查证方法	责任部门	隐患编号
54	较大	设备类	设备设施	配电	在自然保护区的核心区和缓冲区、世界自然遗产地、国家级公益林地、国家森林公园等重要保护林地输配电线路存在杆塔倾斜、导线断股等可能引发单相接地、相间短路故障	《国家电网有限公司关于开展森林草原输配电线路火灾隐患排查治理专项行动的通知》（国家电网安监〔2020〕254号）	现场巡视	设备部	SS2144
55	较大	设备类	设备设施	配电	城市中心区输配电电缆混合敷设通道、特级一级用户电缆和公用电缆共용通道、10回及以上电缆密集通道内可能导致火灾事件	《配电网设备缺陷分类标准》（Q/GDW 745—2012）；《国家电网有限公司城市地下电缆火灾及损毁事件应急预案》	现场巡视	设备部	SS2145
56	较大	设备类	设备设施	配电	配电线路跨越普通电气化铁路、高速公路，可能造成导线掉落影响普通电气化铁路及高速公路安全运行；报废线路的"三跨"未拆除、退运的线路"三跨"未纳入正常运维范围	《国家电网有限公司十八项电网重大反事故措施（2018年修订版）及编制说明》	现场巡视	设备部	SS2146
57	较大	设备类	设备设施	通用	220～750kV变压器未按要求配置固定自动灭火系统及火灾自动报警系统。固定自动灭火系统、火灾自动报警系统未投自动或关键控制元件、管网系统等部件故障导致功能失效或误动，无人值班变电站消防信号未接入集中监控区域	《国网设备部关于印发变电站消防设备设施运行管理规定（试行）的通知》5、9；《油浸变压器排油注氮消防系统设计、施工及验收规范》（DB 43/T 420—2008）；《火灾自动报警系统设计规范》（GB 50116—2013）	现场巡视、设计图纸、资料检查	设备部	SS2147
58	较大	设备类	设备设施	通用	城市地下站、中心站、户内站消防进水与变电站排水流量未协同设计，站内排水流量不满足规程，水浸等重要辅助信号未接入监控系统或辅控系统	《火力发电厂与变电站设计防火标准》（GB 50229—2019）11.1、11.5；《220kV～500kV户内变电站设计规程》（DL/T 5496—2015）3.2、3.3、8、5.7；上海"12·08"35kV通北变电站停电事件	现场巡视、资料检查	设备部	SS2148

序号	隐患等级	隐患性质	隐患分类	专业子类	隐患内容	判定依据	查证方法	责任部门	隐患编号
59	较大	管理类	设备设施	通用	监控信息点表编制、验收不规范，点表漏项、错项，重要告警信息未接入和开关误遥控隐患。新一代集控系统版本未通过检测、系统异常频发（出现信息中断、运行异常、系统宕机等稳定性问题）	《变电站设备监控信息规范》附件 A；《新一代集控站设备监控系列规范总体设计部分》5.3.4、10.2	现场巡视、二次调试、资料检查	设备部	SS2201

人身安全隐患排查清单

序号	隐患等级	隐患性质	隐患分类	专业子类	隐患内容	判定依据	查证方法	责任部门	隐患编号
1	重大	管理类	人身	通用	工作负责人（作业负责人、专责监护人）不在现场，或劳务分包人员担任工作负责人（作业负责人）	《国家电网公司关于印发生产现场作业"十不干"的通知》（国家电网安质〔2018〕21号）"十不干"第十条 《国家电网公司电力安全工作规程 变电部分》（Q/GDW 1799.1—2013）6.5 《国家电网公司电力安全工作规程 线路部分》（Q/GDW 1799.2—2013）5.5.1 《国家电网公司电力安全工作规程 第3部分：水电厂动力部分》（Q/GDW 1799.3—2015）5.5 《国家电网有限公司电力建设安全工作规程 第1部分：变电》（Q/GDW 11957.1—2020）5.3.5 《国家电网有限公司电力建设安全工作规程 第2部分：线路》（Q/GDW 11957.2—2020）5.3.5 《国家电网公司水电工程施工分包管理办法》〔国网（基建/3）1051—2021〕第三十条、第四十三条、第四十八条	作业票（工作票），现场作业情况，工作负责人在岗情况，工作负责人（作业负责人）劳动合同，工作负责人（作业负责人）所在单位的分包合同	设备部、基建部、特高压部、水新部	RS1201
2	重大	管理类	人身	通用	无日计划作业，或实际作业内容与日计划不符	《国网安委办关于推进"四个管住"工作的指导意见》三、"四个管住"重点内容（一）"管住计划" 《国家电网有限公司作业安全风险管控工作规定》第十三条	风控平台作业计划与现场检查情况比对	设备部、基建部、特高压部、水新部、营销部	RS1202
3	重大	管理类	人身	通用	使用达到报废标准的或超出检验期的安全工器具	《国家电网公司关于印发生产现场作业"十不干"的通知》（国家电网安质〔2018〕21号）"十不干"第六条 《防止电力生产事故的二十五项重点要求》（国能安全〔2014〕161号）1.2.2、1.2.3 《用人单位劳动防护用品管理规范》（安监总厅安健〔2015〕124号）第二十五条	安全工器具外观，检验标签，检验报告，进场报审记录	设备部、基建部、特高压部、水新部	RS1203

序号	隐患等级	隐患性质	隐患分类	专业子类	隐患内容	判定依据	查证方法	责任部门	隐患编号
4	重大	管理类	人身	通用	无票（包括作业票、工作票及分票、操作票、动火票等）工作、无令操作	《国家电网公司关于印发生产现场作业"十不干"的通知》（国家电网安质〔2018〕21号）"十不干"第一条 《国家电网公司电力安全工作规程 变电部分》（Q/GDW 1799.1—2013）6.3.1 《国家电网公司电力安全工作规程 线路部分》（Q/GDW 1799.2—2013）5.3.1 《国家电网公司电力安全工作规程（配电部分）（试行）》3.3.1 《国家电网公司电力安全工作规程 第3部分：水电厂动力部分》（Q/GDW 1799.3—2015）5.3.1 《国家电网有限公司电力建设安全工作规程 第1部分：变电》（Q/GDW 11957.1—2020）5.3.3 《国家电网有限公司电力建设安全工作规程 第2部分：线路》（Q/GDW 11957.2—2020）5.3.3 《国家电网有限公司水电工程施工安全风险辨识、评估及预控措施管理办法》第十六条	作业票、工作票及分票、操作票、动火票执票情况，作业开展情况	设备部、基建部、营销部、特高压部、水新部	RS1204
5	重大	人员类	人身	通用	在易燃易爆品附近未采取防护措施开展动火作业	《国家电网有限公司电力建设安全工作规程 第1部分：变电》（Q/GDW 11957.1—2020）6.4.4、6.6.1.2、7.4.1.9、7.4.1.12、7.5.6、7.6.2.5、8.3.17.2、10.4.3.2、10.4.3.3、10.7.10、11.12.4.9 《国家电网有限公司电力建设安全工作规程 第2部分：线路》（Q/GDW 11957.2—2020）7.3.1.9、7.3.1.12、7.3.3.7、7.4.2.4、14.3.9 《国家电网公司电力安全工作规程 变电部分》（Q/GDW 1799.1—2013）16.5.2、16.5.3、16.6.10、16.6.11 《国家电网公司电力安全工作规程 线路部分》（Q/GDW 1799.2—2013）16.5.2、16.5.3、16.6.10、16.6.11 《国家电网公司电力安全工作规程 第3部分：水电厂动力部分》（Q/GDW 1799.3—2015）5.7.10	易燃易爆品种类和性质，动火作业票、作业票（工作票）关于动火作业的内容，现场实际动火作业情况或动火作业痕迹，现场采取的防护措施	设备部、基建部、特高压部、水新部	RS1301

序号	隐患等级	隐患性质	隐患分类	专业子类	隐患内容	判定依据	查证方法	责任部门	隐患编号
6	重大	人员类	人身	通用	在电缆井、电缆隧道、深度超过2m的基坑等有限空间作业，未采取气体含量检测和通风措施	《国家电网有限公司电力建设安全工作规程 第1部分：变电》（Q/GDW 11957.1—2020）7.2.2 《国家电网有限公司电力建设安全工作规程 第2部分：线路》（Q/GDW 11957.2—2020）10.4.2.5 《国家电网公司电力安全工作规程 变电部分》（Q/GDW 1799.1—2013）15.2.1.11 《国家电网公司电力安全工作规程 线路部分》（Q/GDW 1799.2—2013）15.2.1.12 《国家电网公司电力安全工作规程 第3部分：水电厂动力部分》（Q/GDW 1799.3—2015）13.6	有限空间环境，作业票（工作票）关于检测和通风的安全措施，现场气体检测记录，检测和通风设备实物、台账	设备部、基建部、特高压部、水新部	RS1302
7	重大	人员类	人身	通用	线路拆旧作业带张力断线	《国家电网公司电力安全工作规程 线路部分》（Q/GDW 1799.2—2013）9.4.6 《国家电网有限公司电力建设安全工作规程 第2部分：线路》（Q/GDW 11957.2—2020）12.9.6	施工方案中关于断线作业的步骤要求，作业票中有关防护措施，现场采用的作业工序，绞磨等用于卸张力的设备	设备部、基建部、特高压部	RS1303
8	重大	人员类	人身	通用	以倾倒方式拆塔作业，未采取控制倒塔方向，未设置1.2倍倒塔距离警戒区	《国家电网公司电力安全工作规程 线路部分》（Q/GDW 1799.2—2013）9.3.1、9.3.3 《国家电网有限公司电力建设安全工作规程 第2部分：线路》（Q/GDW 11957.2—2020）11.11	施工方案中关于塔材切割、拉线设置、绞磨设置等内容，作业票中有关安全措施，现场落实情况	设备部、基建部、特高压部	RS1304
9	重大	人员类	人身	通用	未经工作许可（包括在客户侧工作时，未获客户许可），即开始工作	《国家电网公司电力安全工作规程 变电部分》（Q/GDW 1799.1—2013）6.4 《国家电网公司电力安全工作规程 线路部分》（Q/GDW 1799.2—2013）5.4 《国家电网公司电力安全工作规程 第3部分：水电厂动力部分》（Q/GDW 1799.3—2015）5.4	工作票许可情况	设备部、基建部、营销部、特高压部、水新部	RS1305

序号	隐患等级	隐患性质	隐患分类	专业子类	隐患内容	判定依据	查证方法	责任部门	隐患编号
10	重大	人员类	人身	通用	作业人员不清楚工作任务、危险点	《国家电网公司关于印发生产现场作业"十不干"的通知》（国家电网安质〔2018〕21号）"十不干"第二条 《国家电网公司电力安全工作规程 变电部分》（Q/GDW 1799.1—2013）4.2.4和6.3.11.2 《国家电网公司电力安全工作规程 线路部分》（Q/GDW 1799.2—2013）4.2.4和5.3.11.2 《国家电网公司电力安全工作规程（配电部分）（试行）》2.1.5和3.3.12.2 《国家电网公司电力安全工作规程 第3部分：水电厂动力部分》（Q/GDW 1799.3—2015）4.2、5.3.10 b）和5.5.1 《国家电网有限公司电力建设安全工作规程 第1部分：变电》（Q/GDW 11957.1—2020）5.2.7、5.3.3.5和5.3.4 《国家电网有限公司电力建设安全工作规程 第2部分：线路》（Q/GDW 11957.2—2020）5.2.7、5.3.3.5和5.3.4 《电力建设工程施工安全管理导则》（NB/T 10096—2018）12.6	现场询问作业人员工作任务、危险点	设备部、基建部、营销部、特高压部、水新部	RS1306
11	重大	人员类	人身	通用	超出作业范围未经审批	《国家电网公司关于印发生产现场作业"十不干"的通知》（国家电网安质〔2018〕21号）"十不干"第四条 《国家电网公司电力安全工作规程 变电部分》（Q/GDW 1799.1—2013）6.3.8.8和6.3.11.5 《国家电网公司电力安全工作规程 线路部分》（Q/GDW 1799.2—2013）6.3.11.5 《国家电网公司电力安全工作规程（配电部分）（试行）》3.3.12 《国家电网公司电力安全工作规程 第3部分：水电厂动力部分》（Q/GDW 1799.3—2015）5.3.7 k和5.3.10 e） 《国家电网有限公司电力建设安全工作规程 第1部分：变电》（Q/GDW 11957.1—2020）5.3.3.5 《国家电网有限公司电力建设安全工作规程 第2部分：线路》（Q/GDW 11957.2—2020）5.3.3.5	工作票、作业票工作范围与现场核对	设备部、基建部、营销部、特高压部、水新部	RS1307

序号	隐患等级	隐患性质	隐患分类	专业子类	隐患内容	判定依据	查证方法	责任部门	隐患编号
12	重大	人员类	人身	通用	作业点未在接地保护范围	《国家电网公司关于印发生产现场作业"十不干"的通知》(国家电网安质〔2018〕21号)"十不干"第五条《国家电网公司电力安全工作规程 变电部分》(Q/GDW 1799.1—2013)7.4.3和7.4.4《国家电网公司电力安全工作规程 线路部分》(Q/GDW 1799.2—2013)6.4.1和6.4.9《国家电网公司电力安全工作规程(配电部分)(试行)》4.4.1、4.4.3和4.4.7《国家电网有限公司电力建设安全工作规程 第1部分:变电》(Q/GDW 11957.1—2020)12.3.2.1和12.3.2.5《国家电网有限公司电力建设安全工作规程 第2部分:线路》(Q/GDW 11957.2—2020)13.1.7	工作票中关于接地线挂设和接地刀闸合闸的内容,工作地点、接地点、来电方向的位置关系	设备部、基建部、营销部、特高压部、水新部	RS1308
13	重大	人员类	人身	通用	漏挂接地线或漏合接地刀闸	《国家电网公司电力安全工作规程 变电部分》(Q/GDW 1799.1—2013)7.4.3和7.4.4《国家电网公司电力安全工作规程 线路部分》(Q/GDW 1799.2—2013)6.4.1和6.4.9《国家电网公司电力安全工作规程(配电部分)(试行)》4.4.1、4.4.3和4.4.7《国家电网有限公司电力建设安全工作规程 第1部分:变电》(Q/GDW 11957.1—2020)12.3.2.1和12.3.2.5《国家电网有限公司电力建设安全工作规程 第2部分:线路》(Q/GDW 11957.2—2020)13.1.7	工作票中关于接地线挂设和接地刀闸合闸的内容,现场实际执行情况	设备部、基建部、营销部、特高压部、水新部	RS1309
14	重大	人员类	人身	通用	组立杆塔、撤杆、撤线或紧线前未按规定采取防倒杆塔措施	《国家电网公司关于印发生产现场作业"十不干"的通知》(国家电网安质〔2018〕21号)"十不干"第七条《国家电网有限公司电力建设安全工作规程 第2部分:线路》(Q/GDW 11957.2—2020)11.1.8、11.5.5、11.5.7和12.6.1	拉线设置、地脚螺栓紧固等情况	设备部、基建部、特高压部	RS1310

序号	隐患等级	隐患性质	隐患分类	专业子类	隐患内容	判定依据	查证方法	责任部门	隐患编号
15	重大	人员类	人身	通用	高处作业、攀登或转移作业位置时失去保护	《国家电网公司关于印发生产现场作业"十不干"的通知》（国家电网安质〔2018〕21号）"十不干"第八条 《国家电网公司电力安全工作规程 变电部分》（Q/GDW 1799.1—2013）18.1.3、18.1.9 《国家电网公司电力安全工作规程 线路部分》（Q/GDW 1799.2—2013）10.3、10.10 《国家电网公司电力安全工作规程（配电部分）（试行）》17.1.3、17.1.10 《国家电网公司电力安全工作规程 第3部分：水电厂动力部分》（Q/GDW 1799.3—2015）15.1.3和15.1.11 《国家电网有限公司电力建设安全工作规程 第1部分：变电》（Q/GDW 11957.1—2020）7.1.5 《国家电网有限公司电力建设安全工作规程 第2部分：线路》（Q/GDW 11957.2—2020）7.1.1.5、7.1.1.6和7.1.1.9 《水电水利工程施工通用安全技术规程》（DL/T 5370—2017）6.2.6	现场作业行为	设备部、基建部、营销部、特高压部、水新部	RS1311
16	重大	人员类	人身	建设施工	混凝土火炉暖棚养护、工棚火炉取暖未采取防一氧化碳中毒措施	《国家电网有限公司电力建设安全工作规程 第1部分：变电》（Q/GDW 11957.1—2020）6.6.1.14 《国家电网有限公司电力建设安全工作规程 第2部分：线路》（Q/GDW 11957.2—2020）7.4.2.4	火炉及通风排烟设施实物，安全交底关于暖棚养护作业的安全措施	基建部、特高压部	RS1312
17	重大	人员类	人身	建设施工	土石方开挖作业未采取防坍塌措施	《国家电网有限公司电力建设安全工作规程 第1部分：变电》（Q/GDW 11957.1—2020）10.1.1.3、10.1.1.8、10.1.1.9、10.1.3.1、10.1.3.2、10.1.3.3、10.1.3.4、10.1.3.5、10.1.3.6、10.1.3.7、10.1.3.8、10.1.3.9 《国家电网有限公司电力建设安全工作规程 第2部分：线路》（Q/GDW 11957.2—2020）10.1.1.3、10.1.1.7、10.1.1.8、10.1.2.3、10.1.2.6、10.1.2.7、10.1.2.8	基坑深度、坡度，施工方案、作业票中关于防基坑坍塌措施，措施落实情况	基建部、特高压部	RS1313

序号	隐患等级	隐患性质	隐患分类	专业子类	隐患内容	判定依据	查证方法	责任部门	隐患编号
17	重大	人员类	人身	建设施工	土石方开挖作业未采取防坍塌措施	《国家电网公司电力安全工作规程 变电部分》(Q/GDW 1799.1—2013)10.1.1.3、10.1.1.7、10.1.1.8、10.1.1.9、10.1.3 《国家电网公司电力安全工作规程 线路部分》(Q/GDW 1799.2—2013)10.1.1.3、10.1.1.6、10.1.1.7、10.1.1.8、 10.1.2.6、 10.1.2.7、10.1.2.8	基坑深度、坡度,施工方案、作业票中关于防基坑坍塌的措施,措施落实情况	基建部、特高压部	RS1313
18	重大	人员类	人身	建设施工	高度超过8m或跨度超过18m的模板支撑系统,支撑系统不牢固	《国家电网有限公司电力建设安全工作规程 第1部分:变电》(Q/GDW 11957.1—2020)10.4.2	模板高度、跨度,施工方案、作业票中关于防模板垮塌的措施,措施落实情况	基建部、特高压部	RS1314
19	重大	人员类	人身	建设施工	采用"正装法"组立超过30m的抱杆	《国家电网有限公司电力建设安全工作规程 第2部分:线路》(Q/GDW 11957.2—2020)11.7.8 《国家电网有限公司关于防治安全事故重复发生实施输变电工程施工安全强制措施的通知》"五禁止"要求	抱杆长度,施工方案、作业票中关于抱杆组立的作业方法,现场实际组立情况	基建部、特高压部	RS1315
20	重大	人员类	人身	建设施工	同杆并架线路一回带电一回作业、跨越带电线路架线、对跨越带电线路的线段开展紧挂线和附件安装作业、近电作业等,没有采取防电击措施	《国家电网有限公司电力建设安全工作规程 第2部分:线路》(Q/GDW 11957.2—2020)12.10.2、12.10.3、12.10.4、12.10.5、13.1.11、13.2.8	作业环境,施工方案、作业票中关于防电击的措施,措施落实情况	基建部、特高压部	RS1316

序号	隐患等级	隐患性质	隐患分类	专业子类	隐患内容	判定依据	查证方法	责任部门	隐患编号
21	重大	人员类	人身	建设施工	架线前杆塔地脚螺母不牢固，单侧受力的铁塔（设计方案允许单侧受力的除外）未合理设置反向拉线	《国家电网有限公司电力建设安全工作规程 第2部分：线路》（Q/GDW 11957.2—2020）11.1.8、11.5.7和12.6.1	施工方案中对反向拉线计算和参数要求，地脚螺母紧固情况、反向拉线设置情况	基建部、特高压部	RS1317
22	重大	人员类	人身	生产检修	约时停、送电；带电作业约时停用或恢复重合闸	《国家电网公司电力安全工作规程 变电部分》（Q/GDW 1799.1—2013）8.1	工作票、操作票、调度指令记录或录音	设备部、国调中心	RS1318
23	重大	人员类	人身	生产检修	配电网线路跨越带电线路或临近带电线路放线作业，未采取保证电气安全距离的措施	《国家电网公司电力安全工作规程（配电部分）（试行）》6.4.8	作业票（工作票）中有关安全措施，现场落实情况	设备部	RS1319
24	较大	设备类	人身	通用	自制施工工器具未经检测试验合格	《国家电网公司电力安全工作规程 变电部分》（Q/GDW 1799.1—2013）附录J 《国家电网公司电力安全工作规程 线路部分》（Q/GDW 1799.2—2013）14.1.2和14.4.3.2 《国家电网公司电力安全工作规程（配电部分）（试行）》14.1.2和14.6.2.1 《国家有限公司电力建设安全工作规程 第1部分：变电》（Q/GDW 11957.1—2020）8.2.1.5 《国家有限公司电力建设安全工作规程 第2部分：线路》（Q/GDW 11957.2—2020）8.2.1.5	自制施工器具检测试验证书	设备部、基建部、特高压部、水新部、营销部	RS2101
25	较大	设备类	人身	建设施工	金属房外壳（皮）未可靠明接地	《国家电网有限公司电力建设安全工作规程 第1部分：变电》（Q/GDW 11957.1—2020）6.3.4	金属房外壳接地情况	基建部、特高压部、水新部	RS2102

续表

序号	隐患等级	隐患性质	隐患分类	专业子类	隐患内容	判定依据	查证方法	责任部门	隐患编号
26	较大	设备类	人身	建设施工	当配电系统设置多级剩余电流动作保护时，每两级之间未按要求设置保护性配合	《国家电网有限公司电力建设安全工作规程　第1部分：变电》（Q/GDW 11957.1—2020）6.5.6	配电系统多级间配合情况	基建部、特高压部、水新部	RS2103
27	较大	设备类	人身	生产检修	金属封闭式开关设备未按照国家、行业标准设计制造压力释放通道	《国家电网有限公司十八项电网重大反事故措施（2018年修订版）及编制说明》12.4.1.5 和 12.4.2.2	设备本体，有关标准	设备部	RS2104
28	较大	管理类	人身	通用	将高风险作业定级为低风险	《国家电网有限公司作业安全风险管控工作规定》	勘察记录，施工方案，作业票，风险公示材料	设备部、基建部、特高压部、水新部、营销部	RS2201
29	较大	管理类	人身	通用	现场作业人员（含监理人员）未经安全准入考试并合格；新进、转岗和离岗3个月以上电气作业人员，未经专门安全教育培训，并经考试合格上岗	《中华人民共和国安全生产法》第二十八条 《国家电网有限公司电力建设安全工作规程　第1部分：变电》（Q/GDW 11957.1—2020）5.2.2 和 5.2.3 《国家电网有限公司电力建设安全工作规程　第2部分：线路》（Q/GDW 11957.2—2020）5.2.2 和 5.2.3 《国家电网公司电力安全工作规程（配电部分）（试行）》2.1.3、2.1.4 和 2.1.9 《国家电网公司电力安全工作规程　线路部分》（Q/GDW 1799.2—2013）4.4.1 《国家电网公司电力安全工作规程　变电部分》（Q/GDW 1799.1—2013）4.4.1 和 4.4.2 《国家电网公司电力安全工作规程　第3部分：水电厂动力部分》（Q/GDW 1799.3—2015）4.3	安全教育培训考试记录	设备部、基建部、特高压部、水新部、营销部	RS2202

序号	隐患等级	隐患性质	隐患分类	专业子类	隐患内容	判定依据	查证方法	责任部门	隐患编号
30	较大	管理类	人身	通用	不具备相应资格的人员担任工作票签发人、工作负责人（作业负责人）或许可人	《国家电网公司电力安全工作规程　线路部分》（Q/GDW 1799.2—2013）5.3.10.1 和 5.3.10.2 《国家电网公司电力安全工作规程　变电部分》（Q/GDW 1799.1—2013）6.3.10.1、6.3.10.2 和 6.3.10.3 《国家电网公司电力安全工作规程（配电部分）（试行）》3.3.11.1、3.3.11.2 和 3.3.11.3 《国家电网有限公司电力建设安全工作规程　第 1 部分：变电》（Q/GDW 11957.1—2020）5.3.3.4 《国家电网有限公司电力建设安全工作规程　第 2 部分：线路》（Q/GDW 11957.2—2020）5.3.3.4 《国家电网公司电力安全工作规程　第 3 部分：水电厂动力部分》（Q/GDW 1799.3—2015）5.3.9	工作票（作业票），资格认定文件	设备部、基建部、特高压部、水新部、营销部	RS2203
31	较大	管理类	人身	通用	监理未对作业人员年龄、健康、安全培训考试、资格证书等安全准入资质进行审查	《国家电网有限公司工程监理安全监督管理办法》（安监二〔2021〕26 号）第十条	有关审查记录	设备部、基建部、特高压部、水新部	RS2204
32	较大	管理类	人身	通用	监理未对施工机械、工器具、安全防护用品（用具）进场报审审查	《国家电网有限公司工程监理安全监督管理办法》（安监二〔2021〕26 号）第十条	施工机械、工器具、安全防护用品（用具）本体，进场报审记录	设备部、基建部、特高压部、水新部	RS2205
33	较大	管理类	人身	通用	票面（包括作业票、工作票及分票、动火票等）缺少工作负责人、工作班成员签字等关键内容	《国家电网有限公司电力建设安全工作规程　第 1 部分：变电》（Q/GDW 11957.1—2020）5.3.3.2 《国家电网有限公司电力建设安全工作规程　第 2 部分：线路》（Q/GDW 11957.2—2020）5.3.3.2 《国家电网公司电力安全工作规程　变电部分》（Q/GDW 1799.1—2013）6.3 《国家电网公司电力安全工作规程　线路部分》（Q/GDW 1799.2—2013）5.3	票面内容	设备部、基建部、特高压部、水新部、营销部	RS2206

序号	隐患等级	隐患性质	隐患分类	专业子类	隐患内容	判定依据	查证方法	责任部门	隐患编号
33	较大	管理类	人身	通用	票面（包括作业票、工作票及分票、动火票等）缺少工作负责人、工作班成员签字等关键内容	《国家电网公司电力安全工作规程 第 3 部分：水电厂动力部分》（Q/GDW 1799.3—2015）5.4.2、5.5.1《国家电网有限公司水电工程施工安全风险识别、评估及预控措施管理办法》第十六条	票面内容	设备部、基建部、特高压部、水新部、营销部	RS2206
34	较大	管理类	人身	通用	未按规定开展现场勘察或未留存勘察记录；工作票（作业票）签发人和工作负责人均未参加现场勘察	《国家电网公司电力安全工作规程 变电部分》(Q/GDW 1799.1—2013) 6.2《国家电网公司电力安全工作规程 线路部分》(Q/GDW 1799.2—2013) 5.2.1《国家电网公司电力安全工作规程（配电部分）（试行）》3.2《国家电网有限公司电力建设安全工作规程 第 1 部分：变电》(Q/GDW 11957.1—2020) 5.3.2.4 和 5.3.2.6《国家电网有限公司电力建设安全工作规程 第 2 部分：线路》(Q/GDW 11957.2—2020) 5.3.2.4 和 5.3.2.6《国家电网公司电力安全工作规程 第 3 部分：水电厂动力部分》(Q/GDW 1799.3—2015) 5.2《国家电网有限公司水电工程施工安全风险识别、评估及预控措施管理办法》第十六条	勘察记录	设备部、基建部、特高压部、水新部、营销部	RS2207
35	较大	管理类	人身	通用	脚手架、跨越架未经验收合格即投入使用	《国家电网公司电力安全工作规程 变电部分》(Q/GDW 1799.1—2013) 18.1.10《国家电网公司电力安全工作规程 线路部分》(Q/GDW 1799.2—2013) 9.4.10 和 10.11《国家电网公司电力安全工作规程（配电部分）（试行）》17.3.2《国家电网有限公司电力建设安全工作规程 第 1 部分：变电》(Q/GDW 11957.1—2020) 10.3.4.1《国家电网有限公司电力建设安全工作规程 第 2 部分：线路》(Q/GDW 11957.2—2020) 12.1.1.11	现场验收牌、验收记录	设备部、基建部、特高压部、水新部	RS2208

序号	隐患等级	隐患性质	隐患分类	专业子类	隐患内容	判定依据	查证方法	责任部门	隐患编号
35	较大	管理类	人身	通用	脚手架、跨越架未经验收合格即投入使用	《国家电网公司电力安全工作规程　第3部分：水电厂动力部分》（Q/GDW 1799.3—2015）15.3.11《水电水利工程施工通用安全技术规程》（DL/T 5370—2017）4.1.10	现场验收牌、验收记录	设备部、基建部、特高压部、水新部	RS2208
36	较大	管理类	人身	建设施工	监理对重要施工设施在投入使用前，未进行检查和确认	《国家电网有限公司输变电工程建设安全管理规定》[国网（基建/2）173—2021]第十二条	重要施工设施监理检查确认记录	基建部、特高压部	RS2209
37	较大	管理类	人身	建设施工	监理项目部未对输变电工程施工作业票（B票）的开具和执行进行监督检查	《国家电网有限公司输变电工程建设安全管理规定》[国网（基建/2）173—2021]第十二条	作业票开具情况，监理到岗到位、监督检查情况	基建部、特高压部	RS2210
38	较大	管理类	人身	建设施工	监理未对三级及以上风险等级的施工工序和工程关键部位、关键工序、危险作业项目进行安全旁站	《国家电网有限公司输变电工程建设安全管理规定》[国网（基建/2）173—2021]第十二条	作业计划，监理日志	基建部、特高压部	RS2211
39	较大	管理类	人身	生产检修	现场规程没有每年进行一次复查、修订并书面通知有关人员；不需修订的情况下，未由复查人、审核人、批准人签署"可以继续执行"的书面文件并通知有关人员	《国家电网公司安全工作规定》第二十八条	现场规程印发文件	设备部	RS2212
40	较大	管理类	人身	生产检修	高压业扩现场勘察未进行客户双许可签发；业扩报装设备未经验收，擅自接火送电	《国家电网有限公司客户安全用电服务若干规定（试行）》	双许可记录，验收记录	营销部	RS2213

序号	隐患等级	隐患性质	隐患分类	专业子类	隐患内容	判定依据	查证方法	责任部门	隐患编号
41	较大	人员类	人身	通用	超允许起重量起吊	《国家电网公司电力安全工作规程　第3部分：水电厂动力部分》（Q/GDW 1799.3—2015）14.1.5　《国家电网有限公司电力建设安全工作规程　第1部分：变电》（Q/GDW 11957.1—2020）7.3.14　《国家电网有限公司电力建设安全工作规程　第2部分：线路》（Q/GDW 11957.2—2020）7.2.14　《水电水利工程施工通用安全技术规程》（DL/T 5370—2017）7.5.18　《国家电网公司电力安全工作规程　变电部分》（Q/GDW 1799.1—2013）17.1.3　《国家电网公司电力安全工作规程　线路部分》（Q/GDW 1799.2—2013）11.1.3	起重机械额定起吊重量与实际重物重量	设备部、基建部、特高压部、水新部	RS2301
42	较大	人员类	人身	通用	乘坐船舶或水上作业超载，或不使用救生装备	《国家电网公司电力安全工作规程　第3部分：水电厂动力部分》（Q/GDW 1799.3—2015）14.5.4和14.5.7　《国家电网有限公司电力建设安全工作规程　第2部分：线路》（Q/GDW 11957.2—2020）9.3.3和9.3.5　《国家电网有限公司电力建设安全工作规程　第1部分：变电》（Q/GDW 11957.1—2020）9.2.1和9.2.3　《国家电网有限公司关于防治安全事故重复发生实施输变电工程施工安全强制措施的通知》关于"五禁止"的要求　《水电水利工程施工通用安全技术规程》（DL/T 5370—2017）8.7.2	船舶中搭载重量是否超过最大承载重量，是否正确配备和使用救生装备	设备部、基建部、特高压部、水新部	RS2302
43	较大	人员类	人身	通用	在电容性设备检修前未放电并接地，或结束后未充分放电；高压试验变更接线或试验结束时未将升压设备的高压部分放电、短路接地	《国家电网公司电力安全工作规程　变电部分》（Q/GDW 1799.1—2013）7.4.2、14.1.7和14.1.8　《国家电网公司电力安全工作规程　线路部分》（Q/GDW 1799.2—2013）6.4.9、15.2.2.3、15.2.2.4和15.2.2　《国家电网公司电力安全工作规程（配电部分）（试行）》11.2.7、12.3.1、12.3.3和12.3.5	施工方案关于放电、接地的内容，现场执行情况	设备部、基建部、特高压部、水新部	RS2303

序号	隐患等级	隐患性质	隐患分类	专业子类	隐患内容	判定依据	查证方法	责任部门	隐患编号
43	较大	人员类	人身	通用	在电容性设备检修前未放电并接地，或结束后未充分放电；高压试验变更接线或试验结束时未将升压设备的高压部分放电、短路接地	《国家电网有限公司电力建设安全工作规程 第2部分：线路》（Q/GDW 11957.2—2020）14.4.1和14.4.3 《国家电网有限公司电力建设安全工作规程 第1部分：变电》（Q/GDW 11957.1—2020）11.12.5.1、11.12.5.3、11.12.5.6和11.12.5.7	施工方案关于放电、接地的内容，现场执行情况	设备部、基建部、特高压部、水新部	RS2303
44	较大	人员类	人身	通用	在运行站内使用吊车、高空作业车、挖掘机等大型机械开展作业，未经设备运维单位批准即改变施工方案规定的工作内容、工作方式等	《国家电网有限公司输变电工程建设安全管理规定》第六十九条、第七十条	施工方案，现场实际执行情况	设备部、基建部、特高压部	RS2304
45	较大	人员类	人身	通用	跨越带电线路展放导（地）线作业，跨越架、封网等安全措施均未采取	《架空输电线路无跨越架不停电跨越架线施工工艺导则》3.0.1、3.0.5、"4.施工工艺流程""5.无跨越架跨越系统"	施工方案，实际施工情况	设备部、基建部、特高压部	RS2305
46	较大	人员类	人身	通用	动火作业前，未清除动火现场及周围的易燃物品	《国家电网公司电力安全工作规程 变电部分》（Q/GDW 1799.1—2013）16.6.10.5 《国家电网公司电力安全工作规程 线路部分》（Q/GDW 1799.2—2013）16.6.10.5 《国家电网有限公司电力建设安全工作规程 第1部分：变电》（Q/GDW 11957.1—2020）7.5.6 《国家电网有限公司电力建设安全工作规程 第2部分：线路》（Q/GDW 11957.2—2020）7.3.1.9、7.3.1.12 《国家电网公司电力安全工作规程 第3部分：水电厂动力部分》（Q/GDW 1799.3—2015）5.7.10 i）	易燃物品种类、性质、数量，与作业点的位置关系、风向关系	设备部、基建部、特高压部、水新部	RS2306

序号	隐患等级	隐患性质	隐患分类	专业子类	隐患内容	判定依据	查证方法	责任部门	隐患编号
47	较大	人员类	人身	通用	作业现场违规存放民用爆炸物品	《国家电网有限公司民用爆炸物品安全管理工作规范（试行）》第五十条	民用爆炸物品	设备部、基建部、特高压部、水新部	RS2307
48	较大	人员类	人身	通用	在互感器二次回路上工作，未采取防止电流互感器二次回路开路，电压互感器二次回路短路的措施	《国家电网有限公司电力建设安全工作规程 第1部分：变电》（Q/GDW 11957.1—2020）11.14.4.4 《国家电网公司电力安全工作规程（配电部分）（试行）》10.2.2和10.2.3 《国家电网公司电力安全工作规程 线路部分》（Q/GDW 1799.2—2013）12.3.2 《国家电网公司电力安全工作规程 变电部分》（Q/GDW 1799.1—2013）13.13和13.14	检查方案，现场检查	设备部、基建部、特高压部、水新部、营销部	RS2308
49	较大	人员类	人身	通用	工井作业时，只打开一只井盖（单眼井除外）	《国家电网公司电力安全工作规程 变电部分》（Q/GDW 1799.1—2013）15.2.1.11 《国家电网有限公司电力建设安全工作规程 第1部分：变电》（Q/GDW 11957.1—2020）11.12.1	井盖打开情况	设备部、基建部、特高压部、水新部	RS2309
50	较大	人员类	人身	通用	制作环氧树脂电缆头和调配环氧树脂作业过程中，未采取有效的防毒和防火措施	《国家电网公司电力安全工作规程 变电部分》（Q/GDW 1799.1—2013）15.2.1.15 《国家电网有限公司电力建设安全工作规程 第1部分：变电》（Q/GDW 11957.1—2020）11.12.4.4	防毒和防火措施	设备部、基建部、特高压部、水新部	RS2310
51	较大	人员类	人身	建设施工	拉线、地锚、索道投入使用前未计算校核受力情况	《国家电网有限公司电力建设安全工作规程 第2部分：线路》（Q/GDW 11957.2—2020）8.3.13.1和9.5.3 《国家电网有限公司关于防治安全事故重复发生实施输变电工程施工安全强制措施的通知》关于"三算"的要求	施工方案中相关受力计算	基建部、特高压部	RS2311
52	较大	人员类	人身	建设施工	货运索道载人	《国家电网有限公司电力建设安全工作规程 第2部分：线路》（Q/GDW 11957.2—2020）9.5.14	现场检查	基建部、特高压部	RS2312

序号	隐患等级	隐患性质	隐患分类	专业子类	隐患内容	判定依据	查证方法	责任部门	隐患编号
53	较大	人员类	人身	建设施工	紧断线平移导线挂线作业未采取交替平移子导线的方式	《国家电网有限公司关于防治安全事故重复发生实施输变电工程施工安全强制措施的通知》"五禁止"要求	施工方案所规定的以及现场实际采用的作业方式	基建部、特高压部	RS2313
54	较大	人员类	人身	建设施工	在带电设备附近作业前未计算校核安全距离；作业安全距离不够且未采取有效措施	《国家电网有限公司关于防治安全事故重复发生实施输变电工程施工安全强制措施的通知》关于"四验"的要求	作业勘察记录中关于安全距离的内容，施工方案所规定的以及现场实际采用的近电作业防范措施	基建部、特高压部	RS2314
55	较大	人员类	人身	建设施工	平衡挂线时，在同一相邻耐张段的同相导线上进行其他作业	《国家电网有限公司电力建设安全工作规程　第2部分：线路》（Q/GDW 11957.2—2020）12.8.1	两项作业的作业计划及协调工作开展记录，现场实际执行情况	基建部、特高压部	RS2315
56	较大	人员类	人身	建设施工	重要工序、关键环节作业未按施工方案或规定程序开展作业；作业人员未经批准擅自改变已设置的安全措施	《电力建设工程施工安全管理导则》（NB/T 10096—2018）12.4.10 《国家电网有限公司电力建设安全工作规程　第2部分：线路》（Q/GDW 11957.2—2020）6.1.3	现场作业实际开展情况，安全措施执行情况	基建部、特高压部、水新部	RS2316
57	较大	人员类	人身	建设施工	货运索道超载使用	《国家电网有限公司电力建设安全工作规程　第2部分：线路》（Q/GDW 11957.2—2020）9.5.14	货运索道实际运输重量，额定载荷	基建部、特高压部	RS2317

序号	隐患等级	隐患性质	隐患分类	专业子类	隐患内容	判定依据	查证方法	责任部门	隐患编号
58	较大	人员类	人身	建设施工	起吊或牵引过程中，受力钢丝绳周围、上下方、内角侧和起吊物下面，有人逗留或通过	《国家电网有限公司电力建设安全工作规程　第 2 部分：线路》（Q/GDW 11957.2—2020）8.1.1.6 《国家电网公司电力安全工作规程　第 3 部分：水电厂动力部分》（Q/GDW 1799.3—2015）14.2.1 s）、14.2.6 g）《水电水利工程施工通用安全技术规程》（DL/T 5370—2017）8.1.16	吊装或牵引现场实际情况，人员位置	基建部、特高压部、水新部	RS2318
59	较大	人员类	人身	建设施工	使用金具 U 型环代替卸扣；使用普通材料的螺栓取代卸扣销轴	《国家电网有限公司电力建设安全工作规程　第 1 部分：变电》（Q/GDW 11957.1—2020）8.3.6.5 《国家电网有限公司电力建设安全工作规程　第 2 部分：线路》（Q/GDW 11957.2—2020）8.3.6.5 《国家电网公司电力安全工作规程　第 3 部分：水电厂动力部分》（Q/GDW 1799.3—2015）14.3.2 《水电水利工程施工通用安全技术规程》（DL/T 5370—2017）8.2.6	该工具使用情况	基建部、特高压部、水新部	RS2319
60	较大	人员类	人身	建设施工	放线区段有跨越、平行输电线路时，导（地）线或牵引绳未采取接地措施	《国家电网有限公司电力建设安全工作规程　第 2 部分：线路》（Q/GDW 11957.2—2020）12.10.3 和 12.10.4	接地措施	基建部、特高压部	RS2320
61	较大	人员类	人身	建设施工	耐张塔挂线前，未使用导体将耐张绝缘子串短接	《国家电网有限公司电力建设安全工作规程　第 2 部分：线路》（Q/GDW 11957.2—2020）12.10.4	短接措施	基建部、特高压部	RS2321
62	较大	人员类	人身	建设施工	起重作业无专人指挥	《国家电网有限公司电力建设安全工作规程　第 1 部分：变电》（Q/GDW 11957.1—2020）7.3.5 《国家电网有限公司电力建设安全工作规程　第 2 部分：线路》（Q/GDW 11957.2—2020）7.2.5 《国家电网公司电力安全工作规程　第 3 部分：水电厂动力部分》（Q/GDW 1799.3—2015）14.1.4、14.1.6 《水电水利工程施工通用安全技术规程》（DL/T 5370—2017）8.1.1	作业票，现场实际组织情况	基建部、特高压部、水新部	RS2322

序号	隐患等级	隐患性质	隐患分类	专业子类	隐患内容	判定依据	查证方法	责任部门	隐患编号
63	较大	人员类	人身	建设施工	雨雪过后起重作业前，未先试吊，未确认制动器灵敏可靠	《国家电网有限公司电力建设安全工作规程　第1部分：变电》（Q/GDW 11957.1—2020）7.3.23	天气情况，试吊工作开展情况	基建部、特高压部、水新部	RS2323
64	较大	人员类	人身	建设施工	遇有六级及以上风或暴雨、雷电、冰雹、大雪、大雾、沙尘暴等恶劣气候时，应停止高处作业、水上运输、户外（以及可能受到恶劣气候影响的电缆沟、电缆井等场所）电缆施工、露天吊装、杆塔组立和架线施工、水上运输等作业	《国家电网有限公司电力建设安全工作规程　第1部分：变电》（Q/GDW 11957.1—2020）4.5　《国家电网有限公司电力建设安全工作规程　第2部分：线路》（Q/GDW 11957.2—2020）4.5	天气情况，作业计划	基建部、特高压部	RS2324
65	较大	人员类	人身	建设施工	在油漆未干的结构或其他物体上进行焊接	《国家电网有限公司电力建设安全工作规程　第1部分：变电》（Q/GDW 11957.1—2020）7.4.1.21	现场检查	基建部、特高压部、水新部	RS2325
66	较大	人员类	人身	生产检修	擅自开启高压开关柜门、检修小窗，擅自移动绝缘挡板	《国家电网公司电力安全工作规程　变电部分》（Q/GDW 1799.1—2013）7.5.4　《国家电网公司电力安全工作规程　线路部分》（Q/GDW 1799.2—2013）7.1.5	现场设备接线图及带电范围，高压柜门、检修小窗、绝缘挡板实体	设备部	RS2326
67	较大	人员类	人身	生产检修	在带电设备周围使用钢卷尺、金属梯等禁止使用的工器具	《国家电网公司电力安全工作规程　变电部分》（Q/GDW 1799.1—2013）16.1.8 和 16.1.10　《国家电网公司电力安全工作规程　第3部分：水电厂动力部分》（Q/GDW 1799.3—2015）15.6.22	现场使用钢卷尺、金属梯等情况	设备部	RS2327

序号	隐患等级	隐患性质	隐患分类	专业子类	隐患内容	判定依据	查证方法	责任部门	隐患编号
68	较大	人员类	人身	生产检修	倒闸操作前不核对设备名称、编号、位置，不执行监护复诵制度或操作时漏项、跳项	《国家电网公司电力安全工作规程变电部分》（Q/GDW 1799.1—2013）5.3.6.2《国家电网公司电力安全工作规程 第3部分：水电厂动力部分》（Q/GDW 1799.3—2015）5.8.5	倒闸操作录音、录像，核对设备名称、编号情况，操作时是否漏项、跳项	设备部	RS2328
69	较大	人员类	人身	生产检修	倒闸操作中不按规定检查设备实际位置，不确认设备操作到位情况	《国家电网公司电力安全工作规程变电部分》（Q/GDW 1799.1—2013）5.3.6.6《国家电网公司电力安全工作规程 第3部分：水电厂动力部分》（Q/GDW 1799.3—2015）5.8.5	倒闸操作录音、录像，设备操作到位情况	设备部	RS2329
70	较大	人员类	人身	生产检修	防误闭锁装置功能不完善，未按要求投入运行	《国家电网有限公司防止电气误操作安全管理规定》3.4、4.3《国家电网有限公司十八项电网重大反事故措施（2018年修订版）及编制说明》4.1.2、4.1.6、4.2.1和12.4.1.1	防误闭锁装置本体及运行情况	设备部	RS2330
71	较大	人员类	人身	生产检修	随意解除闭锁装置，或擅自使用解锁工具（钥匙）	《国家电网公司电力安全工作规程 变电部分》（Q/GDW 1799.1—2013）5.3.6.5《国家电网有限公司防止电气误操作安全管理规定》3.4、4.3《国家电网有限公司十八项电网重大反事故措施（2018年修订版）及编制说明》4.1.2、4.1.6、4.2.1和12.4.1.1	解除闭锁装置手续	设备部	RS2331
72	较大	人员类	人身	生产检修	设备无双重名称，或名称及编号不唯一、不正确、不清晰	《国家电网公司电力安全工作规程 变电部分》（Q/GDW 1799.1—2013）5.3.1《国家电网公司电力安全工作规程 线路部分》（Q/GDW 1799.2—2013）7.2.2《国家电网公司电力安全工作规程（配电部分）（试行）》5.2.4.1《国家电网公司电力安全工作规程 第3部分：水电厂动力部分》（Q/GDW 1799.3—2015）5.8.4	设备双重名称、编号	设备部	RS2332
73	较大	人员类	人身	生产检修	高压配电装置带电部分对地距离不满足且未采取措施	《国家电网公司电力安全工作规程（配电部分）（试行）》2.3.6	设备本体，采取临时措施情况	设备部	RS2333

续表

序号	隐患等级	隐患性质	隐患分类	专业子类	隐患内容	判定依据	查证方法	责任部门	隐患编号
74	较大	人员类	人身	生产检修	作业人员擅自穿、跨越安全围栏、安全警戒线	《国家电网公司电力安全工作规程 变电部分》（Q/GDW 1799.1—2013）7.5.8	现场检查、视频检查	设备部	RS2334
75	较大	人员类	人身	生产检修	带负荷断、接引线	《国家电网公司电力安全工作规程（配电部分）（试行）》9.3.1 《国家电网公司电力安全工作规程 变电部分》（Q/GDW 1799.1—2013）9.4.1 《国家电网公司电力安全工作规程 线路部分》（Q/GDW 1799.2—2013）13.4.1	负荷电流	设备部	RS2335

网络安全隐患排查清单

序号	隐患等级	隐患性质	隐患分类	专业子类	排查内容	判定依据	查证方法	责任部门	隐患编号
1	重大	设备类	网络	电力监控系统	电力监控系统横向边界未部署专用隔离设备	《电力监控系统安全防护总体方案》2.3	查阅网络拓扑图，并进行现场核查	调控中心	WL1101
2	重大	设备类	网络	电力监控系统	调度数据网纵向边界未部署电力专用纵向加密认证装置	《电力监控系统安全防护总体方案》2.4	查阅网络拓扑图，并进行现场核查	调控中心	WL1102
3	重大	设备类	网络	网络信息	管理信息大区与互联网大区之间、互联网大区和互联网之间的网络边界未部署安全防护设备并定期进行特征库升级	《国家电网有限公司十八项电网重大反事故措施（2018年修订版）及编制说明》16.5.3.6、16.5.2.7	查阅网络拓扑图，并进行现场核查	数字化工作部	WL1103
4	较大	设备类	网络	电力监控系统	电力监控系统子系统或功能模块部署不满足安全分区要求	《电力监控系统安全防护总体方案》2.1	资料查阅和现场核查	调控中心	WL2101
5	较大	设备类	网络	电力监控系统	电力监控系统中存在未按规定时限修复的高危及以上漏洞	《国家电网有限公司电力监控系统网络安全运行管理规定》第三十五条	现场检查	调控中心、设备部	WL2102
6	较大	设备类	网络	电力监控系统	未遵循"应接尽接"原则将调管范围内可接入设备纳入电力监控系统网络安全管理平台监视范围，导致存在监视盲区	《电力监控系统网络安全监测能力验证评估办法》附录A 2.1	资料查阅和现场核查	调控中心	WL2103
7	较大	设备类	网络	电力监控系统	与并网电厂间III区纵向网络连接未断开	《网厂信息交互平台互联网大区接入建设实施方案》	资料查阅和现场核查	调控中心	WL2104
8	较大	设备类	网络	网络信息	信息系统中存在恶意程序	《国家电网有限公司十八项电网重大反事故措施（2018年修订版）及编制说明》16.5.2.5	资料查阅和现场核查	数字化工作部	WL2105

序号	隐患等级	隐患性质	隐患分类	专业子类	排查内容	判定依据	查证方法	责任部门	隐患编号
9	较大	设备类	网络	网络信息	采购未经具备资格的机构安全认证合格或者安全检测符合要求的网络关键设备和网络安全专用产品	《国家电网有限公司十八项电网重大反事故措施（2018年修订版）及编制说明》16.5.2.6、6.5.2.9	资料查阅和现场核查	数字化工作部	WL2106
10	较大	设备类	网络	电力通信	（1）通信电源不具备两路分别取自不同母线的交流输入，或者两路交流输入不具备自动切换功能。（2）通信设备动力环境监控系统失效	《国家电网有限公司十八项电网重大反事故措施（2018年修订版）及编制说明》16.3.1.10～16.3.1.14	资料查阅和现场核查	调控中心	WL2107
11	较大	设备类	网络	电力通信	（1）220kV以上电压等级变电站出站光缆全部敷设在同一沟道。（2）通信光缆或电缆与一次动力电缆同沟（架）布放	《国家电网有限公司十八项电网重大反事故措施（2018年修订版）及编制说明》16.3.2.7、16.3.1.4～16.3.1.6	资料查阅和现场核查	调控中心	WL2108
12	较大	管理类	网络	网络信息类、电力监控系统	未按要求开展网络安全等级保护备案和测评	《中华人民共和国网络安全法》第二十一条；《国家电网有限公司十八项电网重大反事故措施（2018年修订版）及编制说明》16.5.3.1	资料查阅	数字化工作部、调控中心	WL2201
13	较大	管理类	网络	网络信息	以主备或集群模式运行的信息设备、网络设备或网络链路，未定期开展切换演练及轮换运行工作	《国家电网有限公司十八项电网重大反事故措施（2018年修订版）及编制说明》16.4.3.5	资料查阅	数字化工作部	WL2202
14	较大	管理类	网络	网络信息	未定期对在运信息系统进行漏洞扫描，未及时进行补丁升级	《国家电网有限公司十八项电网重大反事故措施（2018年修订版）及编制说明》16.5.3.5	资料查阅和现场核查	数字化工作部、调控中心、营销部、设备部	WL2203
15	较大	管理类	网络	网络信息	未经公司批准，在互联网企业平台（包括第三方云平台）存储公司重要数据	《国家电网有限公司十八项电网重大反事故措施（2018年修订版）及编制说明》16.5.3.12	资料查阅和现场检查	数字化工作部	WL2204

消防安全隐患排查清单

序号	隐患等级	隐患性质	隐患分类	专业子类1	专业子类2	隐患内容	判定依据	查证方法	责任部门	隐患编号
1	重大	设备类	消防	消防设施	一般要求	110kV及以上变电站，特高压变电站（换流站），地下（户内）、城市中心和供重要用户变电站，高层建筑（建筑高度24m及以上），地市供电公司级及以上单位办公大楼，电力调度楼，学校培训中心，酒店宾馆，大型厂房仓库等重要场所同时存在以下任意4项问题及以上： （1）火灾自动报警系统不能正常运行。 （2）防烟排烟系统、消防水泵以及其他自动消防设施不能正常联动控制。 （3）自动喷水灭火系统不能正常使用或运行。 （4）其他固定灭火设施不能正常使用或运行。 （5）高层建筑和地下建筑的防烟、排烟设施不能正常使用或运行。 （6）室外消防给水系统不符合标准规定或不能正常使用。 （7）室内消火栓系统设置不符合标准规定或不能正常使用。 （8）消防电梯不能正常运行。 （9）消防用电设备未按规定采用专用供电回路。 （10）消防用电设备末端自动切换装置未按规定设置或不能正常自动切换。 （11）高层建筑和地下建筑未按规定设置疏散指示标志、应急照明，或损坏率大于标准的30%，其他建筑未按国家工程建设消防技术标准的规定设置疏散指示标志、应急照明，或损坏率大于标准的50%。 （12）消防控制室操作人员未按规定持证上岗。 （13）高层建筑的消防车道、救援场地设置不符合要求或被占用，影响火灾扑救	《中华人民共和国消防法》第六十条；《重大火灾隐患判定方法》（GB 35181—2017）5.3	现场测试检查、查看消防检测报告	设备部、营销部、基建部、数字化部、物资部、产业部、后勤部、调控中心、特高压部、水新部等	XF1101

续表

序号	隐患等级	隐患性质	隐患分类	专业子类1	专业子类2	隐患内容	判定依据	查证方法	责任部门	隐患编号
2	重大	设备类	消防	消防设施	一般要求	500（300）kV及以上变电站，220kV以下城市地下站（户内站）、中心站和供重要用户变电站，高层建筑（建筑高度24m及以上），地市供电公司级及以上单位办公大楼，电力调度楼，学校培训中心，酒店宾馆，大型厂房仓库等重要场所未按国家工程建设消防技术标准的规定设置消防车道、防火间隔、安全疏散设施、消防给水及灭火设施、火灾自动报警系统等重要消防设施设备	《中华人民共和国消防法》第六十条；《重大火灾隐患判定方法》（GB 35181—2017）5.3	现场检查、查看消防检测报告	设备部、营销部、基建部、数字化部、物资部、产业部、后勤部、调控中心、特高压部、水新部等	XF1102
3	重大	设备类	消防	建筑防火	建筑使用情况	省公司级及以上单位办公大楼，高层建筑（建筑高度24m及以上），大型工厂，学校和培训中心的教学楼、图书馆、食堂和集体宿舍等人员密集场所的疏散走道、楼梯间、疏散门或安全出口设置栅栏、卷帘门	《重大火灾隐患判定方法》（GB 35181—2017）7.3.9	现场检查	后勤部、产业部等	XF1103
4	重大	设备类	消防	消防重点场所（特殊要求）	特高压变电站（换流站）	特高压变电站（换流站）阀厅未进行防火封堵或封堵不严	电力规划设计总院文件（电规电网）	资料查核、现场检查	特高压部、设备部等	XF1104
5	重大	设备类	消防	消防重点场所（特殊要求）	特高压变电站（换流站）	特高压变电站（换流站）泡沫灭火系统的泡沫灭火剂剂型配比等不满足规范要求或过期失效	《泡沫灭火剂》（GB 15308—2006）；《重大火灾隐患判定方法》（GB 35181—2017）7.4.1	现场查看、查阅灭火剂检测报告	特高压部、设备部等	XF1105
6	重大	设备类	消防	消防重点场所（特殊要求）	电力电缆	密集区域（4回及以上）的110（66）kV及以上电压等级电缆接头未采用防火槽盒、防火隔板、防火毯、防爆壳等防火防爆隔离措施	《国家电网有限公司十八项电网重大反事故措施（2018年修订版）及编制说明》13.2.1.5	现场检查	设备部、水新部、产业部等	XF1106

序号	隐患等级	隐患性质	隐患分类	专业子类1	专业子类2	隐患内容	判定依据	查证方法	责任部门	隐患编号
7	重大	设备类	消防	建筑防火	一般要求	单幢居住超过10人的施工驻地、员工宿舍等居住场所采用彩钢夹芯板搭建，且彩钢夹芯板芯材的燃烧性能等级低于《建筑材料及制品燃烧性能分级》（GB 8624）规定的A级	《重大火灾隐患判定方法》(GB 35181—2017)6.10	现场检查、资料查核	基建部、产业部、后勤部、特高压部、水新部等	XF1107
8	重大	设备类	消防	消防重点场所（特殊要求）	超高层建筑	超高层建筑（建筑高度100m以上）内的避难走道、避难间、避难层的设置不符合国家工程建设消防技术标准的规定，或避难走道、避难间、避难层被占用	《重大火灾隐患判定方法》(GB 35181—2017)7.3.1	现场检查、资料查核	后勤部、产业部等	XF1108
9	重大	设备类	消防	消防设施	一般要求	使用燃气的职工食堂（含大型施工驻地）等人员集中场所未安装可燃气体报警装置或装置失效	《建筑设计防火规范（2018年版）》(GB 50016—2014)8.4.3	现场检查	后勤部、基建部、特高压部、水新部、产业部等	XF1109
10	重大	管理类	消防	消防管理	建筑消防合法性	新建（改、扩建）的大型发电[单机容量300MW及以上或总装机容量600MW及以上的大型火力发电站；装机容量300MW及以上且水库总库容1亿m³及以上的水电枢纽工程（包括抽水蓄能电站）]、大型变配电工程（枢纽变电站、区域变电站、地区变电站）、电力调度楼、超过50m的公共建筑、总建筑面积大于1万m²的宾馆等依法需要进行消防验收的建筑物未取得消防验收合格的文件，或上述场所的消防系统未与主体设备同时设计、同时施工、同时投运	《中华人民共和国消防法》第十至十三条；《建设工程消防设计审查验收管理暂行规定》（住建部令第51号）第二十六、三十三条；《电力设备典型消防规程》（DL 5027—2015）6.1.1	查验2022年1月1日后新建（改、扩建）建筑的消防验收资料	设备部、营销部、基建部、数字化部、物资部、产业部、后勤部、调控中心、特高压部、水新部等	XF1201
11	较大	设备类	消防	消防设施	一般要求	500（300）kV及以上变电站，220kV以下城市地下站（户内站）、中心站和供重要用户变电站，高层建筑（建筑高度24m及以上），地市供电公司级及以上单位办公大楼，电力调度楼，学校培训中心，酒店宾馆，大型厂房仓库等重要场所存在以下任意1~3项问题： （1）火灾自动报警系统不能正常运行。	《中华人民共和国消防法》第六十条；《重大火灾隐患判定方法》(GB 35181—2017)5.3	现场测试检查、查看消防检测报告	设备部、营销部、基建部、数字化部、物资部、产业部、后勤部、调控中心、特高压部、水新部等	XF2101

序号	隐患等级	隐患性质	隐患分类	专业子类1	专业子类2	隐患内容	判定依据	查证方法	责任部门	隐患编号
11	较大	设备类	消防	消防设施	一般要求	（2）防烟排烟系统、消防水泵以及其他自动消防设施不能正常联动控制。（3）自动喷水灭火系统不能正常使用或运行。（4）其他固定灭火设施不能正常使用或运行。（5）高层建筑和地下建筑的防烟、排烟设施不能正常使用或运行。（6）室外消防给水系统不符合标准规定或不能正常使用。（7）室内消火栓系统设置不符合标准规定或不能正常使用。（8）消防电梯不能正常运行。（9）消防用电设备未按规定采用专用供电回路。（10）消防用电设备末端自动切换装置未按规定设置或不能正常自动切换。（11）高层建筑和地下建筑未按规定设置疏散指示标志、应急照明，或损坏率大于标准的30%，其他建筑未按国家工程建设消防技术标准的规定设置疏散指示标志、应急照明，或损坏率大于标准的50%。（12）消防控制室操作人员未按规定持证上岗。（13）高层建筑的消防车道、救援场地设置不符合要求或被占用，影响火灾扑救	《中华人民共和国消防法》第六十条；《重大火灾隐患判定方法》（GB 35181—2017）5.3	现场测试检查、查看消防检测报告	设备部、营销部、基建部、数字化部、物资部、产业部、后勤部、调控中心、特高压部、水新部等	XF2101
12	较大	设备类	消防	消防重点场所（特殊要求）	电力电缆	110（66）kV及以上电压等级电缆在隧道、电缆沟、变电站内、桥梁内未采用阻燃电缆；与电力电缆同通道敷设的低压电缆、通信光缆等未穿入阻燃管，或未采取其他防火隔离措施	《火力发电厂与变电站设计防火标准》（GB 50229—2019）11.4.5、11.4.6；《国家电网有限公司十八项电网重大反事故措施（2018年修订版）及编制说明》13.2.1.3	现场检查	设备部、基建部、产业部、调控中心、特高压部、水新部等	XF2102

序号	隐患等级	隐患性质	隐患分类	专业子类1	专业子类2	隐患内容	判定依据	查证方法	责任部门	隐患编号
13	较大	设备类	消防	建筑防火	一般要求	高层建筑(建筑高度24m及以上)、地市供电公司级及以上单位办公楼、电力调度楼、110kV及以上变电站、换流站内的电缆井、管道井未在每层楼板处采用不燃材料或防火封堵材料进行防火封堵	《单位消防安全评估》(XF/T 3005—2020)6.1.7.2.1;《建筑设计防火规范(2018年版)》(GB 50016—2014)6.2;《电力设备典型消防规程》(DL 5027—2015)10.5.3;《国家电网有限公司十八项电网重大反事故措施(2018年修订版)及编制说明》18.2.1.12	现场检查、资料查核	设备部、基建部、数字化部、物资部、产业部、后勤部、特高压部、水新部等	XF2103
14	较大	设备类	消防	消防设施	火灾自动报警系统	地下(户内)变电站、城市中心站、220kV及以上的无人值班变电站的火灾报警信号未接入集控中心或运维班驻地的值班室,或值班室内的火灾自动报警系统、自动灭火系统和其他联动控制设备未处于自动运行状态	《单位消防安全评估》(XF/T 3005—2020)6.3.6.1;《火灾自动报警系统设计规范》(GB 50116—2013)3.4.4;《国家电网有限公司十八项电网重大反事故措施(2018年修订版)及编制说明》18.1.2.4	现场检查	设备部	XF2104
15	较大	设备类	消防	消防设施	消防水系统	500(300)kV及以上变电站,220kV以下城市地下站(户内站)、中心站和供重要用户变电站,高层建筑(建筑高度24m及以上),地市供电公司级及以上单位办公大楼,电力调度楼,学校培训中心,酒店宾馆,大型厂房仓库等重要场所的消防给水系统从接到启泵信号到水泵正常运转的自动启动时间大于2min,接到火警后人工启动消防水泵时,大于5min水泵仍未正常运行	《消防给水及消火栓系统技术规范》(GB 50974—2014)11.0.3	现场测试	设备部、营销部、基建部、物资部、产业部、后勤部、特高压部、水新部等	XF2105

序号	隐患等级	隐患性质	隐患分类	专业子类1	专业子类2	隐患内容	判定依据	查证方法	责任部门	隐患编号
16	较大	设备类	消防	消防重点场所（特殊要求）	水电站	容量50MW及以上抽水蓄能和常规水电站符合下列一项或多项条件：（1）容量50MW及以上的水力发电厂、抽水蓄能电站未设置消防给水系统和室内外消火栓。（2）220kV及以上高压电缆未设置接地环流监测装置和光纤测温装置，高压电缆中间接头未采取防爆及阻燃措施。（3）新建抽水蓄能电站动力电缆和控制电缆未分层、分通道布置或在动控电缆之间未设置防火内分隔。（4）厂房内主电缆沟道内防火墙新建或改造后设置间隔大于60m。（5）新建抽水蓄能电站厂用电中压系统未设计为大接地方式	《国家电网有限公司抽水蓄能和常规水电站防止火灾事故及提升消防安全20项措施》；《电力设备典型消防规程》（DL 5027—2015）13.2.1	现场检查、资料查核	水新部、产业部等	XF2106
17	较大	设备类	消防	建筑防火	生物质发电厂	生物质发电厂的秸秆仓库、露天堆场、半露天堆场未按技术标准设置消防系统和防止火灾快速蔓延的措施（如防火隔离带），或秸秆仓库、秸秆破碎及散料输送系统没有设置通风、喷雾抑尘或除尘装置	《电力设备典型消防规程》（DL 5027—2015）9.3.2	现场检查	水新部、产业部等	XF2107
18	较大	设备类	消防	建筑防火	电力电缆	城镇范围内电缆隧道和电缆沟道存在有可燃气、油管路穿越的情况	《火力发电厂与变电站设计防火标准》（GB 50229—2019）11.4.5；《国家电网有限公司十八项电网重大反事故措施（2018年修订版）及编制说明》13.3	现场检查	设备部、基建部等	XF2108
19	较大	设备类	消防	消防重点场所（特殊要求）	特高压变电站（换流站）	特高压变电站（换流站）未落实消防灭火物资保障，泡沫原液储存未达30t	《国网设备部关于进一步落实特高压变电站(换流站)消防应急能力提升措施的紧急通知》（设备监控〔2021〕83号）；《重大火灾隐患判定方法》（GB 35181—2017）7.4.1	现场查看，咨询当地消防救援队	特高压部、设备部等	XF2109

续表

序号	隐患等级	隐患性质	隐患分类	专业子类1	专业子类2	隐患内容	判定依据	查证方法	责任部门	隐患编号
20	较大	设备类	消防	消防重点场所（特殊要求）	森林草原输配电线路	在自然保护区的核心区域和缓冲区、世界自然遗产地、国家级公益林地、国家森林公园等重要保护林地存在线路下方与导线安全距离不足、线路两侧与导线水平风偏距离不足、线路附近存在向线路侧倾倒风险的隐患，或通道地面和杆塔基础附近存在或堆积大量枯萎干燥的草本植物、灌木枯枝、落叶等可燃、易燃物隐患	《国家电网有限公司森林草原输配电线路火灾隐患排查整治专项行动工作方案》（国家电网安监〔2020〕254号）2.1.3	现场巡视	设备部、基建部、特高压部等	XF2110
21	较大	设备类	消防	消防重点场所（特殊要求）	加油（气）站	加气站、加油加气合建站、加油加氢合建站内，LPG设备、LNG设备的露天场所和设置有CNG设备、氢气设备与液氢设备的房间内、箱柜内、罩棚下，没有设置可燃气体检测器	《汽车加油加气加氢站技术标准》（GB 50156—2021）13.4.1	现场查看	产业部	XF2111
22	较大	设备类	消防	消防重点场所（特殊要求）	特高压变电站（换流站）	换流站储水容量低于4000m³，特高压变电站储水容量低于1500m³	《国网设备部关于进一步落实特高压变电站（换流站）消防应急能力提升措施的紧急通知》（设备监控〔2021〕83号）	现场查看、查阅资料	特高压部、设备部等	XF2112
23	较大	设备类	消防	消防重点场所（特殊要求）	特高压变电站（换流站）	特高压变电站（换流站）应急排油系统未实现远方手动开启电动排油阀功能	电力规划设计总院文件（电规电网）	现场查看、查阅资料	特高压部、设备部等	XF2113
24	较大	设备类	消防	消防重点场所（特殊要求）	仓储场所	室内储存可燃、易燃物品场所设置有员工宿舍。其他室内储存场所设有办公室时，其分隔设施耐火等级不满足一、二级，且门、窗未直通库外	《仓储场所消防安全管理通则》（XF 1131—2014）6.3	现场查看、查阅资料	后勤部、物资部等	XF2114
25	较大	设备类	消防	消防重点场所（特殊要求）	生物质发电厂	生物质发电厂未设置独立或合用消防给水系统和室内外消火栓，或消防水系统不能正常运行	《电力设备典型消防规程》（DL 5027—2015）13.5.1	现场检查	水新部、产业部等	XF2115

序号	隐患等级	隐患性质	隐患分类	专业子类1	专业子类2	隐患内容	判定依据	查证方法	责任部门	隐患编号
26	较大	管理类	消防	建筑消防合法性		新建（改、扩建）的依法需要进行消防竣工验收备案的建筑物未取得消防备案合格的文件，或场所的消防系统与主体设备未同时设计、同时施工、同时投运，场所的使用功能、用途，与竣工验收消防备案时确定的用途不一致	《中华人民共和国消防法》第十至十三条；《建设工程消防设计审查验收管理暂行规定》（住建部令第51号）第二十六、三十三条；《电力设备典型消防规程》（DL 5027—2015）6.1.1	查验2022年1月1日后新建（改、扩建）建筑的消防验收资料	设备部、营销部、基建部、数字化部、物资部、产业部、后勤部、特高压部、水新部等	XF2201
27	较大	管理类	消防	消防管理	一般要求	高层建筑（建筑高度24m及以上），地市供电公司级及以上单位办公大楼，电力调度楼，学校培训中心，酒店宾馆等重要场所存在共有（用）建筑的产权单位、使用单位没有书面明确各方消防安全管理责任	《中华人民共和国消防法》第十八条；《单位消防安全评估》（XF/T 3005—2020）6.3.1.1b)；《消防安全责任制实施办法》（国办发〔2017〕87号）第十八条	查阅文件资料、现场询问等	物资部、产业部、后勤部等	XF2202
28	较大	管理类	消防	建筑防火	总平面布置	500（300）kV及以上变电站，220kV以下城市地下站（户内站）、中心站和供重要用户变电站，高层建筑（建筑高度24m及以上），地市供电公司级及以上单位办公大楼，电力调度楼，学校培训中心，酒店宾馆，大型厂房仓库等重要场所存在占用防火间距，封闭消防车通道情况	《中华人民共和国消防法》第六十条；《重大火灾隐患判定方法》（GB 35181—2017）7.1.1 7.1.2	现场检查	设备部、营销部、基建部、数字化部、物资部、产业部、后勤部、调控中心、特高压部、水新部等	XF2203
29	较大	管理类	消防	消防管理	一般要求	省公司级单位没有以正式文件（含责任清单方式）形式，确定消防安全责任人、消防安全管理人，设置或者确定消防工作归口管理部门，明确各级、各部门、各岗位消防安全职责，确定各级、各部门、各岗位消防安全负责人	《单位消防安全评估》（XF/T 3005—2020）6.3.1.1 a)；《电力设备典型消防规程》（DL 5027—2015）3.1	查阅文件资料、现场询问等	各部门	XF2204

序号	隐患等级	隐患性质	隐患分类	专业子类1	专业子类2	隐患内容	判定依据	查证方法	责任部门	隐患编号
30	较大	管理类	消防	消防重点场所（特殊要求）	森林草原输配电线路	在森林草原防火期内，进入自然保护区的核心区域和缓冲区、世界自然遗产地、国家级公益林地、国家森林公园等重要保护林地开展线路运维、检修、施工作业，未履行报备许可手续，私自野外用火或丢弃火种，动火作业未严格履行审批许可手续	《森林防火条例》（国务院令第541号）第二十五条、第二十六条、第二十八条	查阅资料、现场巡视	设备部、基建部、特高压部等	XF2205

水电及新能源安全隐患排查清单

序号	隐患等级	隐患性质	隐患分类	专业子类	隐患内容	判定依据	查证方法	责任部门	隐患编号
1	重大	设备类	水电及新能源	水电	有泄洪要求的闸门未设置备用电源（应急启闭方式）或不能正常启闭，或泄、放水建筑物堵塞，无法正常泄洪	《水利工程运行管理生产安全重大事故隐患判定清单》SY－T001；《水电站水工设施运行维护导则 第1部分：水工建筑物》（Q/GDW 11151.1－2019）5.4.24；《水电水利工程启闭机设计规范》（NB/T 10341－2019）第6章	查技术资料、现场检查	水新部产业部	SX1101
2	重大	设备类	水电及新能源	水电	有防洪要求的水电站未按照设计和规范设置监测、观测设施或监测、观测设施严重缺失；未按规范开展监测观测	《水利工程运行管理生产安全重大事故隐患判定清单》SY－T002	查技术资料、现场检查	水新部产业部	SX1102
3	重大	设备类	水电及新能源	水电	大坝及泄水、输水等建筑物的强度、稳定、泄流安全不满足规范要求，存在危及工程安全的异常变形、坝体贯穿性裂缝、近坝岸坡不稳定或其他工程缺陷	《水利工程运行管理生产安全重大事故隐患判定清单》SY－K003；《水电站大坝运行安全评价导则》（DL/T 5313—2014）第7～12章；《国家电网公司水电厂重大反事故措施》2.5.11；《能源局电力安全隐患监督管理规定》第六条重大工程隐患判定标准	查大坝中心大坝定检或特种检查审查意见；企业监测分析报告	水新部产业部	SX1103

序号	隐患等级	隐患性质	隐患分类	隐患子类	专业	隐患内容	判定依据	查证方法	责任部门	隐患编号
4	重大	设备类	水电及新能源	水电		闸门、启闭机等金属结构安全检测结果为"不安全"，强度、刚度及稳定性不满足规范要求；维护不善，变形、锈蚀、磨损严重，不能正常运行	《水利工程运行管理生产安全重大事故隐患判定清单》SY-K004；《水工钢闸门和启闭机安全检测技术规程》（DL/T 835）；《水电站水工设施运行维护导则 第2部分：水工机电设备》（Q/GDW 11151.2—2013）第5～8章；《水电水利工程启闭机设计规范》（NB/T 10341—2019）第6章	现场检查、检测、复核计算，查技术资料（运行、维护和检修记录，检测、复核报告等）；查大坝中心大坝定检或特种检查审查意见；企业监测分析报告安全检测报告；企业检查维护记录	水新部产业部	SX1104
5	重大	设备类	水电及新能源	水电		主要发供电设备异常运行已达到规程标准的紧急停运条件而未停止运行	《水利工程运行管理生产安全重大事故隐患判定清单》SY-D002；水电站主要设备技术标准	技术资料，现场检查	水新部产业部	SX1105
6	重大	设备类	水电及新能源	水电		可能出现六氟化硫泄漏、聚集的场所未设置监测报警及通风装置	《水利工程运行管理生产安全重大事故隐患判定清单》SY-D003	查设施配置	水新部产业部	SX1106
7	重大	设备类	水电及新能源	水电		大坝整体稳定性不足，并经过分析论证，需采取控制水库运行水位措施、降低水库水位措施	《能源局电力安全隐患监督管理规定》第六条重大工程隐患判定标准	查大坝中心大坝定检或特种检查审查意见；企业监测分析报告	水新部产业部	SX1107

序号	隐患等级	隐患性质	隐患分类	专业子类	隐患内容	判定依据	查证方法	责任部门	隐患编号
8	重大	设备类	水电及新能源	水电	大坝防洪能力严重不足，并经过分析论证，需采取控制水库运行水位措施、降低水库水位措施	《能源局电力安全隐患监督管理规定》第六条重大工程隐患判定标准	查大坝中心大坝定检或特种检查审查意见；企业监测分析报告	水新部产业部	SX1108
9	重大	设备类	水电及新能源	水电	大坝坝体、坝基、坝肩渗漏严重或者渗透稳定性不足、坝基扬压力高于设计值，且运行中已出现流土、漏洞或管涌等严重渗流异常现象，并经过分析论证，需采取控制水库运行水位措施、降低水库水位措施	《能源局电力安全隐患监督管理规定》第六条重大工程隐患判定标准；《水利工程运行管理生产安全重大事故隐患判定清单》SY-K002；《土石坝安全监测技术规范》（DL/T 5259—2010）4.10；《水电站水工设施运行维护导则　第1部分：水工建筑物》（Q/GDW 11151.1—2019）第6章	查大坝中心大坝定检或特种检查审查意见；企业监测分析报告	水新部产业部	SX1109
10	重大	设备类	水电及新能源	水电	大坝泄洪消能建筑物严重损坏或者严重淤堵，并经过分析论证，需采取控制水库运行水位措施、降低水库水位措施	《能源局电力安全隐患监督管理规定》第六条重大工程隐患判定标准	查大坝中心大坝定检或特种检查审查意见；企业监测分析报告	水新部产业部	SX1110
11	重大	设备类	水电及新能源	水电	大坝枢纽区存在影响大坝运行安全的严重地质灾害，并经过分析论证，需采取控制水库运行水位措施、降低水库水位措施	《能源局电力安全隐患监督管理规定》第六条重大工程隐患判定标准	查大坝中心大坝定检或特种检查审查意见；企业监测分析报告	水新部产业部	SX1111

续表

序号	隐患等级	隐患性质	隐患分类	专业子类	隐患内容	判定依据	查证方法	责任部门	隐患编号
12	重大	设备类	水电及新能源	水电	厂房梁、板等主要结构超过设计荷载运行及震动、地震等原因导致厂房主要结构严重开裂、变形等	《国家电网公司水电厂重大反事故措施》3.1.2；《水电站水工设施运行维护导则 第1部分：水工建筑物》（Q/GDW 11151.1—2019）6.7.1、6.7.3	查大坝中心大坝定检或特种检查审查意见；企业监测分析报告；现场查看	水新部产业部	SX1112
13	重大	设备类	水电及新能源	水电	压力钢管、球阀设备强度不满足机组发生水力自激振动情况下的安全裕度	《国家电网公司水电厂重大反事故措施》9.6.6	查阅技术资料；现场查看	水新部产业部	SX1113
14	重大	设备类	水电及新能源	水电	主进水阀接力器高压软管超设计寿命使用	《国家电网公司水电厂重大反事故措施》9.2.1	查阅技术资料；现场查看	水新部产业部	SX1114
15	重大	设备类	水电及新能源	水电	基建中（检修中）临时增加的管道、堵头、阀门等承压部件，未按照设计要求进行制作和安装，未与永久性管道工艺相同	《国家电网公司水电厂重大反事故措施》10.3.2	查阅技术资料；现场查看	水新部产业部	SX1115
16	重大	设备类	水电及新能源	生物质发电	除尘器、灰库、脱硫塔、烟道等设备设施达到设计年限拟继续使用或使用用途（环境）发生改变或进行过结构改造（扩建）或遭受灾害（事故）后或存在较严重的质量缺陷或者出现严重的腐蚀、损伤、变形时未对设备进行可靠性鉴定	《工业建筑物检测鉴定标准》（GB 50144—2019）	查技术资料和现场检查	水新部产业部	SX1116
17	重大	设备类	水电及新能源	生物质发电	除尘器、灰库、脱硫塔、烟道钢结构腐蚀严重，设备连接处、焊接处，出现局部焊缝开裂、焊缝强度下降	《火电厂除尘工程技术规范》（HJ 2039—2014）	查技术资料和现场检查	水新部产业部	SX1117
18	重大	设备类	水电及新能源	新能源发电	风电场不具有规程规定的低电压穿越能力和必要的高电压耐受能力	《国家能源局防止电力生产事故的二十五项重点要求》(国能安全〔2014〕161号)防止风电机组大面积脱网事故 5.2.4	查试验报告	产业部水新部	SX1118

序号	隐患等级	隐患性质	隐患分类	专业子类	隐患内容	判定依据	查证方法	责任部门	隐患编号
19	重大	设备类	水电及新能源	新能源发电	风电场汇集线系统单项故障不具备快速切除能力；汇集线系统未采取经电阻或消弧线圈接地方式	《国家能源局防止电力生产事故的二十五项重点要求》(国能安全〔2014〕161号)防止风电机组大面积脱网事故 5.2.11	查试验报告	产业部水新部	SX1119
20	重大	设备类	水电及新能源	新能源发电	风电场机组内所有可能被触碰的 220V 及以上低压配电回路电源，未装设满足要求的剩余电流动作保护器	《风力发电场安全规程》(DL/T 796—2012) 5.2.8	查剩余电流动作保护器配置	产业部水新部	SX1120
21	重大	管理类	水电及新能源	水电	水利部门监管的大坝安全鉴定为三类坝，未采取有效措施管控。国家能源局监管的大坝安全定期检查评定为病坝或险坝；大坝注册登记等级为丙级	《水利工程运行管理生产安全重大事故隐患判定清单》SY-K001；《水电站大坝运行安全监督管理规定》(国家发展改革委令 23 号)第二十一条	查鉴定报告、整改方案、现场检查	水新部产业部	SX1201
22	重大	管理类	水电及新能源	水电	未经批准擅自调高水库汛限水位或正常蓄水位；水库未经蓄水验收即投入使用	《水利工程运行管理生产安全重大事故隐患判定清单》SY-K005	查汛限水位批复文件、蓄水验收报告	水新部产业部	SX1202
23	重大	管理类	水电及新能源	水电	水利部门监管的小型水电站安全评价为 C 类，未采取有效措施管控	《水利工程运行管理生产安全重大事故隐患判定清单》SY-D001	安全评价报告，整改方案，现场检查	水新部产业部	SX1203
24	重大	管理类	水电及新能源	新能源发电	风机运维人员不掌握高空逃生或高空救援相关知识和技能	《国家电网公司电力安全工作规程 第5部分：风电场》(Q/GDW 10799.5—2017) 8.1.1	查培训考试记录和现场拷问	产业部水新部	SX1204
25	较大	设备类	水电及新能源	水电	大坝防洪能力严重不足，但无须采取控制水库运行水位措施或降低水库水位措施	《能源局电力安全隐患监督管理规定》第六条 较大工程隐患判定标准	查大坝中心大坝定检或特种检查审查意见；企业监测分析报告	水新部产业部	SX2101

序号	隐患等级	隐患性质	隐患分类	专业子类	隐患内容	判定依据	查证方法	责任部门	隐患编号
26	较大	设备类	水电及新能源	水电	大坝整体稳定性不足，但无需采取控制水库运行水位措施或降低水库水位措施	《能源局电力安全隐患监督管理规定》第六条 较大工程隐患判定标准	查大坝中心大坝定检或特种检查审查意见；企业监测分析报告	水新部产业部	SX2102
27	较大	设备类	水电及新能源	水电	大坝存在影响大坝运行安全的坝体贯穿性裂缝，但无需采取控制水库运行水位措施或降低水库水位措施	《能源局电力安全隐患监督管理规定》第六条 较大工程隐患判定标准	查大坝中心大坝定检或特种检查审查意见；企业监测分析报告	水新部产业部	SX2103
28	较大	设备类	水电及新能源	水电	大坝坝体、坝基、坝肩渗漏严重或者渗透稳定性不足，但无需采取控制水库运行水位措施或降低水库水位措施	《能源局电力安全隐患监督管理规定》第六条 较大工程隐患判定标准	查大坝中心大坝定检或特种检查审查意见；企业监测分析报告	水新部产业部	SX2104
29	较大	设备类	水电及新能源	水电	大坝泄洪消能建筑物严重损坏或者严重淤堵，但无需采取控制水库运行水位措施或降低水库水位措施	《能源局电力安全隐患监督管理规定》第六条 较大工程隐患判定标准	查大坝中心大坝定检或特种检查审查意见；企业监测分析报告	水新部产业部	SX2105
30	较大	设备类	水电及新能源	水电	大坝枢纽区存在影响大坝运行安全的严重地质灾害，但无需采取控制水库运行水位措施或降低水库水位措施	《能源局电力安全隐患监督管理规定》第六条 较大工程隐患判定标准	查大坝中心大坝定检或特种检查审查意见；企业监测分析报告	水新部产业部	SX2106

序号	隐患等级	隐患性质	隐患分类	专业子类	隐患内容	判定依据	查证方法	责任部门	隐患编号
31	较大	设备类	水电及新能源	水电	定子线棒上下端部未设置非磁性材料支撑环	《国家电网公司水电厂重大反事故措施》6.4.1	查阅技术资料；现场查看	水新部产业部	SX2107
32	较大	设备类	水电及新能源	水电	定子绕组端部所有的接头和连接（包括铜环和主中引线）未采用银铜焊接工艺	《国家电网公司水电厂重大反事故措施》6.4.3	查阅技术资料	水新部产业部	SX2108
33	较大	设备类	水电及新能源	水电	发电机定子端部绝缘盒灌注胶质量不佳、绝缘盒存在裂纹或者定子端部手包绝缘质量不佳	《水电站电气设备预防性试验规程》（Q/GDW 11150—2019）6.1	查阅检修记录；试验报告；现场查看	水新部产业部	SX2109
34	较大	设备类	水电及新能源	水电	磁极连接线在磁轭与磁极上均设有固定点时，连接中未设计补偿装置	《国家电网公司水电厂重大反事故措施》6.5.3	查阅技术资料；现场查看	水新部产业部	SX2110
35	较大	设备类	水电及新能源	水电	抽蓄机组磁极连接线铜排直角转弯时，弯曲半径小于2d（d为铜排厚度）	《国家电网公司水电厂重大反事故措施》6.5.4	查阅技术资料；现场查看	水新部产业部	SX2111
36	较大	设备类	水电及新能源	水电	磁极引出线根部、磁极连接线弯曲处等应力集中部位通流部件过热、螺栓松动	《国家电网公司水电厂重大反事故措施》6.5.7	查阅技术资料；现场查看	水新部产业部	SX2112
37	较大	设备类	水电及新能源	水电	风洞内磁场密集区域金属连接材料（如挡风板支架）未采用不锈钢或高强度铝合金等非磁性材料	《国家电网公司水电厂重大反事故措施》6.6.1	查阅技术资料；现场查看	水新部产业部	SX2113
38	较大	设备类	水电及新能源	水电	发电机励磁引线及磁极连接线的接头未采用镀银或搪锡工艺	《国家电网公司水电厂重大反事故措施》6.6.2	查阅技术资料；现场查看	水新部产业部	SX2114
39	较大	设备类	水电及新能源	水电	未按照标准配置轴承轴电流保护或轴绝缘监测回路	《国家电网公司水电厂重大反事故措施》6.7.8	查阅技术资料；现场查看	水新部产业部	SX2115
40	较大	设备类	水电及新能源	水电	发电机母线导线接头接触不良，封闭母线外壳法兰焊缝未进行熔焊或未使用紧固螺栓	《带电设备红外诊断应用规范》（DL/T 664—2016）附录E.2.1；《电气装置安装工程母线装置施工及验收规范》（GB 50149—2010）1.0.10	查阅检修记录；试验报告	水新部产业部	SX2116

续表

序号	隐患等级	隐患性质	隐患分类	专业子类	隐患内容	判定依据	查证方法	责任部门	隐患编号
41	较大	设备类	水电及新能源	水电	封闭母线设备长期停运时，未采取有效措施防止母线内部受潮	《国家电网公司水电厂重大反事故措施》6.8.11	查阅技术资料；现场查看	水新部产业部	SX2117
42	较大	设备类	水电及新能源	水电	主厂房水淹厂房保护水位信号器数量少于3套	《水力发电厂自动化设计技术规范》（NB/T 35004—2013）条款6.6.1	查阅技术资料；现场查看；查看试验记录	水新部产业部	SX2118
43	较大	设备类	水电及新能源	水电	励磁变压器保护定值未与励磁系统强励能力相配合	《国家电网公司水电厂重大反事故措施》14.2.2	查阅技术资料；现场查看；查看试验记录	水新部产业部	SX2119
44	较大	设备类	水电及新能源	水电	未按照规程设置调速器比例阀关闭、紧急停机阀关闭、事故配压阀关闭等多重独立的紧急关闭导叶回路；未设置多重独立的紧急关闭事故闸门或进水阀的回路	《水电站监控与自动化技术监督导则》（Q/GDW 11298—2014）5.2.7、5.2.8；《国家电网公司水电厂重大反事故措施》19.2.1	查阅技术资料；现场查看；查看试验记录	水新部产业部	SX2120
45	较大	设备类	水电及新能源	水电	自并励变压器采取高压熔断器作为保护措施，高压侧电流无有效的监视手段	《国家电网公司水电厂重大反事故措施》15.1.1、15.1.3	查阅技术资料；现场查看	水新部产业部	SX2121
46	较大	设备类	水电及新能源	水电	传输两套独立的主保护通道相对应的电力通信设备未设置两套完整、两套不同路由的通信系统。双重化配置的保护装置及电力通信设备未使用独立电源供电、保护装置与其相对应的电力通信设备电源存在交叉配置	《国家电网公司水电厂重大反事故措施》16.2.2；《国家电网有限公司十八项电网重大反事故措施（2018年修订版）及编制说明》15.2.2	查阅技术资料；现场查看；查看试验记录	水新部产业部	SX2122
47	较大	设备类	水电及新能源	水电	电缆夹层和电缆沟道动力电缆和控制电缆未分层布置，电缆转弯半径不符合要求	《水电工程设计防火规范》（GB 50872—2014）9.0.2；《电气装置安装工程电缆线路施工及验收标准》6.1.1 第一条	查阅技术资料；现场查看；查看试验记录	水新部产业部	SX2123

序号	隐患等级	隐患性质	隐患分类	专业子类	隐患内容	判定依据	查证方法	责任部门	隐患编号
48	较大	设备类	水电及新能源	水电	未设置完善的停机过程剪断销剪断（或其他导叶发卡保护）、调速系统低油压、低油位、电气和机械过速等保护装置，或未装设过速限制器（包含事故配压阀、电磁换向阀、纯机械过速保护装置、联动快速闸门装置等）	《国家电网公司水电厂重大反事故措施》5.1.1	查阅技术资料；查阅检修记录；查阅试验记录	水新部产业部	SX2124
49	较大	设备类	水电及新能源	水电	新建及改建机组压力钢管和球阀所用的压力监测元件、附属管路、隔离阀门未使用不锈钢材质，隔离阀门未采用球阀或针阀	《国家电网公司水电厂重大反事故措施》9.6.7	查阅技术资料；现场查看	水新部产业部	SX2125
50	较大	设备类	水电及新能源	水电	重要部位螺栓设计时未进行强度、应力及疲劳计算分析，并提供相应的计算报告，或未明确预紧力，或未按预紧力要求安装，或没有防松动的技术措施	《国家电网公司水电厂重大反事故措施》5.4.1、19.3.1	查阅技术资料；现场查看	水新部产业部	SX2126
51	较大	设备类	水电及新能源	水电	主轴密封供水水质、水量和水压不正常；或流量计、压力变送器、示流器等装置不可靠，报警装置工作不正常；或滤水器、供水泵等部件工作异常，或主备用供水水源切换不可靠	《国家电网公司水电厂重大反事故措施》5.7.1	查阅检修记录	水新部产业部	SX2127
52	较大	设备类	水电及新能源	水电	导水机构、顶盖、蜗壳及尾水管进人门、进水阀操作机构等活动部件连接螺栓或传动销钉、水轮机高振动区域管路连接部位、卡套接头不可靠	《国家电网公司水电厂重大反事故措施》5.4.5	查阅技术资料	水新部产业部	SX2128
53	较大	设备类	水电及新能源	水电	水轮机在设定运行范围内，各部位的振动摆度不满足要求	《国家电网公司水电厂重大反事故措施》5.5.1	查阅技术资料；现场查看	水新部产业部	SX2129
54	较大	设备类	水电及新能源	水电	调速器操作压力油罐未配置双套独立互为备用的油泵和电源系统	《国家电网公司水电厂重大反事故措施》8.1.2	查阅技术资料；查阅试验记录；现场查看	水新部产业部	SX2130

续表

序号	隐患等级	隐患性质	隐患分类	专业子类	隐患内容	判定依据	查证方法	责任部门	隐患编号
55	较大	设备类	水电及新能源	水电	压力油罐油位计未采用钢质磁翻板液位计或由其他不易老化破裂的原材料生产的液位计	《国家电网公司水电厂重大反事故措施》8.1.1	查阅技术资料；现场查看	水新部产业部	SX2131
56	较大	设备类	水电及新能源	水电	水轮机的拦污栅栅条密度设置不合适	《国家电网公司水电厂重大反事故措施》5.3.1	查阅技术资料；现场查看	水新部产业部	SX2132
57	较大	设备类	水电及新能源	水电	导叶、轮叶的紧急关闭、开启时间及导叶分段关闭行程、时间超过设计值的±5%，不满足调节保证计算的要求	《水轮发电机组安装技术规范》GB/T 8564—2003	查阅技术资料；现场查看	水新部产业部	SX2133
58	较大	设备类	水电及新能源	水电	导轴承安装过程中出现轴承支撑结构裂纹、松动等影响其承载能力的缺陷	《国家电网公司水电厂重大反事故措施》5.6.2	查阅技术资料；查阅检修记录	水新部产业部	SX2134
59	较大	设备类	水电及新能源	水电	远方和现地紧急停机回路不完备不可靠，不能够远方手动紧急关闭主进水阀或工作闸门	《国家电网公司水电厂重大反事故措施》5.1.4	查阅技术资料	水新部产业部	SX2135
60	较大	设备类	水电及新能源	水电	静水操作的工作闸门未设置平压检测装置和防误操作闭锁措施	《国家电网公司水电厂重大反事故措施》11.2.2	查阅技术资料	水新部产业部	SX2136
61	较大	设备类	水电及新能源	水电	液压启闭机机架、液压缸吊头、闸门的吊耳、承重部件及重要焊缝存在超标缺陷	《国家电网公司水电厂重大反事故措施》11.2.7、11.2.10	查阅技术资料、查阅运行记录、检修记录	水新部产业部	SX2137
62	较大	设备类	水电及新能源	生物质发电	除尘器、灰库、脱硫塔、烟道等部位的楼梯、平台、栏杆腐蚀严重	《固定式钢梯及平台安全要求》（GB 4053）	查探伤结果和现场检查	水新部产业部	SX2138
63	较大	设备类	水电及新能源	生物质发电	锅炉出灰量增加且设备荷载超出设计值	《火电厂除尘工程技术规范》（HJ2039）	查技术资料和现场检查	水新部产业部	SX2139
64	较大	设备类	水电及新能源	生物质发电	除尘器、灰库输灰不畅，灰斗内积灰增加；灰斗料位计不准确，灰斗内灰量无法判断	《火电厂除尘工程技术规范》（HJ2039）	查技术资料和现场检查	水新部产业部	SX2140

序号	隐患等级	隐患性质	隐患分类	专业子类	隐患内容	判定依据	查证方法	责任部门	隐患编号
65	较大	设备类	水电及新能源	生物质发电	脱硫塔内部防腐层脱落	《防腐涂层涂装技术规范》（HG/T 4077）	查脱硫塔内部防腐层	水新部产业部	SX2141
66	较大	设备类	水电及新能源	生物质发电	除尘器、灰库排烟温度高及烟气中可燃物多	《火电厂除尘工程技术规范》（HJ2039）	现场检查温度曲线、灰斗料位情况	水新部产业部	SX2142
67	较大	设备类	水电及新能源	生物质发电	除尘器、灰库、脱硫塔、烟道、烟囱等旋梯梁、柱的对接等强焊缝存在未熔透、夹渣、咬边；角焊缝的焊缝高度不足或焊接方式未采用连续焊	《建筑结构荷载规范》（GB 50009—2012）；《钢结构设计规范》（GB 50017—2017）；《钢结构焊接规范》（GB 50661）	查技术资料和现场检查	水新部产业部	SX2143
68	较大	设备类	水电及新能源	生物质发电	未按要求开展除尘器、灰库、烟道、脱硫塔、烟囱旋梯（Z行梯）、钢结构、平台扶梯等构件锈蚀评价	《火电厂除尘工程技术规范》（HJ2039）；《工业建筑物检测鉴定标准》（GB 50144—2019）；《固定式钢梯及平台安全要求》（GB 4053）	查检修记录及锈蚀评价记录	水新部产业部	SX2144
69	较大	设备类	水电及新能源	生物质发电	SNCR脱硝存在氨逃逸现象	《有限空间作业安全要求》（GB 12942—2006）	查有限空间作业票	水新部产业部	SX2145
70	较大	设备类	水电及新能源	生物质发电	未按规范配置高料位报警信号，高料位报警信号未传输至控制室，控制室无声光报警设置	《火电厂除尘工程技术规范》（HJ2039）	查配置情况	水新部产业部	SX2146
71	较大	设备类	水电及新能源	新能源发电	机舱和塔架底部平台未配置灭火器	《风力发电场安全规程》（DL/T 796—2012）5.2.6	查配置情况	产业部水新部	SX2147
72	较大	设备类	水电及新能源	新能源发电	风机机舱的末端未装设提升机，配备缓降器、安全绳、安全带及逃生装置，上述装置未定期检验	《防止电力生产事故的二十五项重点要求》（国能安全〔2014〕161号）2.11.12	查配置情况	产业部水新部	SX2148
73	较大	设备类	水电及新能源	新能源发电	风机叶片、隔热吸音棉、机舱、塔筒未选用阻燃电缆及不燃、难燃或经阻燃处理的材料，靠近加热器等热源的电缆未有隔热措施，靠近带油设备的电缆槽盒密封，电缆通道未采取分段阻燃措施，机舱内未涂刷防火涂料	《防止电力生产事故的二十五项重点要求》（国能安全〔2014〕161号）2.11.3	查技术资料和现场查验	产业部水新部	SX2149

序号	隐患等级	隐患性质	隐患分类	专业子类	隐患内容	判定依据	查证方法	责任部门	隐患编号
74	较大	设备类	水电及新能源	新能源发电	风机机舱、塔筒内未装设火灾报警系统（如感烟探测器）和灭火装置	《防止电力生产事故的二十五项重点要求》(国能安全〔2014〕16号)2.11.11	查配置情况	产业部水新部	SX2150
75	较大	设备类	水电及新能源	新能源发电	轮毂表面腐蚀严重	《风力发电场检修规程》(DL/T 797—2012)定期维护参考项目A.4.1	查检修记录和现场查验	产业部水新部	SX2151
76	较大	设备类	水电及新能源	新能源发电	风机机舱的齿轮油系统法兰使用铸铁材料、使用塑料垫、橡胶垫（含耐油橡胶垫）和石棉纸、钢纸垫	《防止电力生产事故的二十五项重点要求》(国能安全〔2014〕16号)2.11.10	查检修记录和现场查验	产业部水新部	SX2152
77	较大	管理类	水电及新能源	水电	国家能源局监管的大坝注册登记等级为乙级	《水电站大坝运行安全监督管理规定》(国家发展改革委令23号)第二十五条	查大坝中心审查意见	水新部产业部	SX2201
78	较大	管理类	水电及新能源	水电	未定期检查坝基、坝肩和溢洪道底板及裂缝情况，未监测大坝变形、渗漏量、扬压力，未分析坝基稳定性。未设置两套不同原理的水库水位测量控制装置，未实现水库水位的实时监视、测量，不能保证对水库水位的实时监视、测量及水位监测的正确性	《水电站大坝运行安全监督管理规定》第六条；《土石坝安全监测技术规范》(DL/T 5259—2010)4.1；《国家电网公司水电厂重大反事故措施》2.2.3、2.4.6	查阅技术资料；现场查看	水新部产业部	SX2202
79	较大	管理类	水电及新能源	水电	常规水电厂和有防洪要求的抽水蓄能电站未制定水库洪水调度方案。在每年汛前，未编制当年水库洪水调度计划，未报上级主管部门审查并报地方防汛部门批准或备案。未根据批准的调洪方案和有管辖权的防汛指挥部门的指令进行调洪，未严格按照有关规程规定的程序操作闸门	《水电站水工设施运行维护导则 第1部分：水工建筑物》(Q/GDW 11151.1—2019)5.4.2	查阅技术资料；现场查看	水新部产业部	SX2203
80	较大	管理类	水电及新能源	水电	近坝库岸发现有滑坡体的，未论证滑坡是否可能导致漫坝事故发生。对可能导致漫坝事故的潜在滑坡体未设置监测设施并纳入巡查和监测范围，未及时分析监测成果	《国家电网公司水电厂重大反事故措施》2.3.7	查阅技术资料；例行巡视	水新部产业部	SX2204

序号	隐患等级	隐患性质	隐患分类	专业子类	隐患内容	判定依据	查证方法	责任部门	隐患编号
81	较大	管理类	水电及新能源	水电	大坝管理和保护范围内存在爆破、打井、采石、采矿、挖沙、取土、修坟等危害大坝安全的现象	《水电站水工设施运行维护导则 第1部分：水工建筑物》（Q/GDW 11151.1—2019）4.2.3	查阅技术资料；现场查看	水新部产业部	SX2205
82	较大	管理类	水电及新能源	水电	发电机组低频保护定值（跳机）未按低于系统低频减载的最低一级定值设置	《国家电网有限公司十八项电网重大反事故措施（2018年修订版）及编制说明》3.1.3.3	查阅技术资料；现场查看；查看试验记录	水新部产业部	SX2206
83	较大	管理类	水电及新能源	水电	新建及改造机组投运前未进行过速试验、甩负荷试验	《防止电力生产事故的二十五项重点要求》(国能安全〔2014〕161号)23.1.3	查阅技术资料；现场查看	水新部产业部	SX2207
84	较大	管理类	水电及新能源	水电	新投运（改造）或大修后的调速系统未进行水轮机调节系统静态模拟试验、动态特性试验、功能性试验、导叶关闭规律检验、低油压及低油位试验	《水轮发电机组启动试验规程》（DL/T 507—2014）	查阅技术资料；现场查看	水新部产业部	SX2208
85	较大	管理类	水电及新能源	水电	新建及改造机组未对发电机组上机架、定子机座及其他结构件的固有频率进行核算，可能发生水力共振	《水轮发电机基本技术条件》（GB/T 7894—2009）	查阅技术资料；现场查看	水新部产业部	SX2209
86	较大	管理类	水电及新能源	水电	机械制动装置投退转速整定值不正确、相关回路不可靠，或防止高转速机械制动措施未投入	《国家电网公司水电厂重大反事故措施》6.2.3	查阅技术资料；现场查看	水新部产业部	SX2210
87	较大	管理类	水电及新能源	水电	液压启闭机各项保护功能（如超欠压保护、限位保护、同步缸异步保护、防撞保护等）未能全部正常投入，大修时未试验所有保护，或运行中随意修改整定参数	《国家电网公司水电厂重大反事故措施》11.2.9	查阅技术资料、查阅运行记录、检修记录	水新部产业部	SX2211
88	较大	管理类	水电及新能源	生物质发电	未制定设备运行、检修规程和系统图，并定期修订	《国家电网公司安全工作规定》	查规程及系统图，以及发布程序	水新部产业部	SX2212

续表

序号	隐患等级	隐患性质	隐患分类	专业子类	隐患内容	判定依据	查证方法	责任部门	隐患编号
89	较大	管理类	水电及新能源	生物质发电	未将除尘器、灰库、烟道、脱硫塔、烟囱旋梯（Z行梯）等列入检修计划，未按计划开展检修	《火电厂除尘工程技术规范》（HJ2039）《火电厂烟气脱硫工程技术规范》（HJ/T 179）	查检修计划及检修台账	水新部产业部	SX2213
90	较大	管理类	水电及新能源	生物质发电	未按照相关技术要求开展构建筑物基础沉降观测，并记录完整	《工业建筑物检测鉴定标准》（GB 50144—2019）	查沉降观测记录	水新部产业部	SX2214
91	较大	管理类	水电及新能源	生物质发电	各物料存储装置的料位计、压力变送器、压力开关等监测仪器仪表未定期校验	《火电厂除尘工程技术规范》（HJ2039）	查校验记录和现场检查	水新部产业部	SX2215
92	较大	管理类	水电及新能源	新能源发电	未每半年至少对机组的变桨系统、液压系统、刹车机构、安全链等重要安全保护装置进行检测试验一次	《风力发电场安全规程》（DL/T 796—2012）7.3.1	查检测记录	产业部水新部	SX2216
93	较大	管理类	水电及新能源	新能源发电	未每年对机组的接地电阻进行一次测试，或是测试电阻值高于4Ω；未每年对轮毂至塔架底部的引雷通道进行检查和测试一次，或是测试电阻值高于0.5Ω	《风力发电场安全规程》（DL/T 796—2012）8.6	查检测记录	产业部水新部	SX2217
94	较大	管理类	水电及新能源	新能源发电	每半年未对塔架内安全钢丝绳、爬梯、工作平台、门防风挂钩检查一次；每年未对机组加热装置、冷却装置检测一次；每年未在雷雨季节前对避雷系统检测一次，每三个月未对变桨系统的后备电源、充电电池组进行充放电试验一次	《风力发电场安全规程》（DL/T 796—2012）7.3.6	查检测记录	产业部水新部	SX2218

备注：公司主要除尘器、灰库、烟道、脱硫塔、烟囱等设备设施制定了重大和较大安全隐患排查参照标准，综能集团要结合生物质发电实际进行细化补充，同时制定锅炉、汽机、发电设备、水处理设备、料场等覆盖各专业的各级别安全隐患排查标准。

危险化学品安全隐患排查清单

序号	隐患等级	隐患性质	隐患分类	专业子类	隐患内容	判定依据	查证方法	责任部门	隐患编号
1	重大	设备类	危险化学品	危险化学品	生物质电厂、加油站、加气站、生物制气等生产、存储危险化学品设备设施上的安全阀、爆破片等安全附件未正常投用	《化工和危险化学品生产经营单位重大生产安全事故隐患判定标准（试行）》（安监总管三〔2017〕121号）第十五条	现场踏勘	水新部、产业部	WH1101
2	重大	设备类	危险化学品	危险化学品	液化烃、汽油等易燃易爆液化气体的充装未使用万向管道充装系统	《化工和危险化学品生产经营单位重大生产安全事故隐患判定标准（试行）》（安监总管三〔2017〕121号）第六条	设计图纸、现场踏勘	水新部、设备部、基建部、后勤部、产业部等部门	WH1102
3	重大	设备类	危险化学品	危险化学品	加气站内的全压力式液化烃储罐未按国家标准设置注水措施	《化工和危险化学品生产经营单位重大生产安全事故隐患判定标准（试行）》（安监总管三〔2017〕121号）第六条	设计图纸、现场踏勘	产业部、水新部、设备部、基建部、后勤部等部门	WH1103
4	重大	设备类	危险化学品	危险化学品	生物制气、加气站、加油站等生产、存储场所的控制室或机柜，面向具有火灾、爆炸危险性装置一侧不满足国家标准关于防火防爆的要求	《化工和危险化学品生产经营单位重大生产安全事故隐患判定标准（试行）》（安监总管三〔2017〕121号）第一条	现场踏勘	产业部、水新部、设备部、基建部、后勤部等部门	WH1104
5	重大	设备类	危险化学品	危险化学品	从业人员接触的氢氧化钠、甲醇、乙炔、过氧化氢等危险化学品浓度高于国家规定的接触限值标准	《国家电网有限公司危险化学品安全管理办法》第二十七条	危险化学品浓度监测记录	水新部、设备部、基建部、后勤部、产业部等部门	WH1105
6	重大	设备类	危险化学品	危险化学品	涉及可燃和有毒有害气体泄漏的场所未按国家标准设置检测报警装置，爆炸危险场所未按国家标准安装使用防爆电气设备	《化工和危险化学品生产经营单位重大生产安全事故隐患判定标准（试行）》（安监总管三〔2017〕121号）第十二条	现场检查安全设施装设情况、检测记录	水新部、设备部、基建部、后勤部、产业部等部门	WH1106

续表

序号	隐患等级	隐患性质	隐患分类	专业子类	隐患内容	判定依据	查证方法	责任部门	隐患编号
7	重大	设备类	危险化学品	危险化学品	涉及"两重点一重大"的生产、储存装置外部安全防护距离不符合国家标准要求	《化工和危险化学品生产经营单位重大生产安全事故隐患判定标准（试行）》（安监总管三〔2017〕121号）第一条	查设计图纸、现场踏勘	产业部、水新部、设备部、基建部、后勤部等部门	WH1107
8	重大	管理类	危险化学品	危险化学品	未建立与岗位相匹配的全员安全生产责任制，未制定实施生产安全事故隐患排查治理制度，未制定操作规程和工艺控制指标	《化工和危险化学品生产经营单位重大生产安全事故隐患判定标准（试行）》（安监总管三〔2017〕121号）第十六条、第十七条	检查安全生产责任清单、安全管理制度和制度编审批程序、操作规程	水新部、设备部、基建部、后勤部、产业部等部门	WH1201
9	重大	管理类	危险化学品	危险化学品	未对危险化学品生产、经营、储存和使用装置、设施或者场所进行重大危险源辨识	《危险化学品重大危险源监督管理暂行规定》（国家安全生产监督管理总局令第40号）；《危险化学品重大危险源辨识》（GB 18218）	检查开展危险化学品进行重大危险源辨识的相关资料，涉及重大危险源备案资料	水新部、设备部、基建部、后勤部、产业部等部门	WH1202
10	重大	管理类	危险化学品	危险化学品	危险化学品生产、经营、运输单位主要负责人和安全生产管理人员未依法经考试合格。涉及操作、运输、装卸等有资格要求的特种作业人员未依法取得相应资格资质	《化工和危险化学品生产经营单位重大生产安全事故隐患判定标准（试行）》（安监总管三〔2017〕121号）第一条、第二条	检查培训记录和证书、检查资质证书	各专业部门	WH1203
11	重大	管理类	危险化学品	危险化学品	新建、改建、扩建生产、存储危险化学品的建设项目未通过国家相关安全生产监督管理部门安全条件审查	《危险化学品安全管理条例》（中华人民共和国国务院令第591号）第十二条	检查生产危险化学品建设项目安全审查资料及危险化学品安全生产许可证	产业部、水新部、设备部、基建部、后勤部、产业部等部门	WH1204
12	重大	人员类	危险化学品	危险化学品	使用国家禁止使用的危险化学品	《国家电网有限公司危险化学品安全管理办法》第二十五条	危险化学品台账及国家禁止使用危险化学品名录	产业部、水新部、设备部、基建部、后勤部等部门	WH1205

序号	隐患等级	隐患性质	隐患分类	专业子类	隐患内容	判定依据	查证方法	责任部门	隐患编号
13	较大	设备类	危险化学品	危险化学品	六氟化硫设备安装场所的地面未安装气体监测报警装置，入口处未装设显示器，或装置损坏；六氟化硫气体使用场所未按要求配置正压式空气呼吸器、防护服、护目镜等	《国家电网有限公司六氟化硫气体安全管理工作规范》第二十条	现场检查有无相应装置和器材	水新部、设备部、基建部、后勤部、产业部等部门	WH2101
14	较大	设备类	危险化学品	危险化学品	从事危险化学品运输的车辆不符合国家标准要求的安全技术条件，未按照国家有关规定定期对运输车辆进行安全技术检验	《危险化学品安全管理条例》（中华人民共和国国务院令第591号）第四十七条	现场检查车况、车辆检验合格证	水新部、设备部、基建部、后勤部等部门	WH2102
15	较大	管理类	危险化学品	危险化学品	未依法设置安全管理机构，未配备专兼职危险化学品安全管理人员	《危险化学品安全管理条例》（中华人民共和国国务院令第591号）第四条	检查安全管理机构、人员设置情况	水新部、设备部、基建部、产业部、后勤部等部门	WH2201
16	较大	管理类	危险化学品	危险化学品	涉及危险化学品生产、使用、经营、运输、储存、废弃处置等环节工作未依法依规取得相应资质、许可手续	《危险化学品安全管理条例》（中华人民共和国国务院令第591号）第十四条、第二十九条、第三十三条、第四十三条	检查涉及危险化学品生产、使用、经营、运输、储存、废弃处置等环节工作的相关资质、许可手续材料	水新部、设备部、基建部、后勤部、产业部等部门	WH2202
17	较大	管理类	危险化学品	危险化学品	未将危险化学品专业安全费用纳入企业安全生产费用统一管理且足额使用	《中华人民共和国安全生产法》第二十三条	检查年度涉及危险化学安全费用情况	水新部、设备部、基建部、后勤部、产业部等部门	WH2203
18	较大	管理类	危险化学品	危险化学品	生产实施重点环境管理的危险化学品未向环境保护主管部门履行报告手续	《国家电网有限公司危险化学品安全管理办法》第十八条、第十九条	现场检查生产危险化学品品类，检查向环境保护主管部门履行报告手续资料	产业部、水新部、设备部、基建部、后勤部等部门	WH2204

序号	隐患等级	隐患性质	隐患分类	专业子类	隐患内容	判定依据	查证方法	责任部门	隐患编号
19	较大	管理类	危险化学品	危险化学品	危险化学品生产单位未每 3 年进行一次安全评价,委托评价机构不具备国家规定资质条件,未履行评价报告及整改方案备案手续	《危险化学品安全管理条例》(中华人民共和国国务院令第 591 号)第十二条	检查危险化学品生产单位安全评价相关资料	产业部、水新部、设备部、基建部、后勤部等部门	WH2205
20	较大	管理类	危险化学品	危险化学品	经营没有化学品安全技术说明书、安全标签的危险化学品	《国家电网有限公司危险化学品安全管理办法》第三十四条	检查危险化学品采购、销售记录	产业部、水新部、设备部、基建部、后勤部等部门	WH2206
21	较大	管理类	危险化学品	危险化学品	未严格审查外委运输单位的资质许可或管理能力,委托不具备运输许可的单位托运危险化学品	《危险化学品安全管理条例》(中华人民共和国国务院令第 591 号)第四十六条	现场检查承运单位证照	水新部、设备部、基建部、后勤部、产业部等部门	WH2207
22	较大	管理类	危险化学品	危险化学品	危险化学品的储存方式、方法以及储存数量不符合国家相关规定和标准	《危险化学品安全管理条例》(中华人民共和国国务院令第 591 号)第二十四条	现场检查储存地点	水新部、设备部、基建部、后勤部、产业部等部门	WH2208
23	较大	管理类	危险化学品	危险化学品	剧毒化学品未单独存放,其储存地点、未实行双人收发、双人保管制度	《危险化学品安全管理条例》(中华人民共和国国务院令第 591 号)第二十四条	现场检查储存地点、检查出入库记录	水新部、设备部、基建部、后勤部、产业部等部门	WH2209
24	较大	管理类	危险化学品	危险化学品	废弃堆放管理混乱,长期堆放危险化学品废弃物	《国家电网有限公司危险化学品安全管理办法》第四十六条	现场检查堆放情况及延续手续	水新部、设备部、基建部、后勤部、产业部等部门	WH2210
25	较大	管理类	危险化学品	危险化学品	涉及危险化学品的单位未制定危险化学品事故应急预案和现场处置方案;涉及重大危险源单位,未制定专项应急预案和现场处置方案	《危险化学品重大危险源监督管理暂行规定》(国家安全生产监督管理总局令)第二十条	检查应急预案和现场处置方案	水新部、设备部、基建部、后勤部、产业部等部门	WH2211

续表

序号	隐患等级	隐患性质	隐患分类	专业子类	隐患内容	判定依据	查证方法	责任部门	隐患编号
26	较大	管理类	危险化学品	危险化学品	建设单位未设置爆破安全监理。监理未在民用爆炸物品领用、清退、爆破作业、爆后安全检查及盲炮处理的各环节实行旁站监理	《国家电网有限公司民用爆炸物品安全管理工作规范》第二十条、第二十三条	检查建设单位安全监理设置情况和旁站记录	基建部、水新部、产业部	WH2212
27	较大	管理类	危险化学品	危险化学品	擅自采购、使用电雷管和无电子追踪标识的民用爆炸物品	《国家电网有限公司民用爆炸物品安全管理工作规范》第三十四条	现场检查台账、仓库和作业情况	基建部、水新部、产业部	WH2213
28	较大	管理类	危险化学品	危险化学品	施工单位未经监理单位批准，未经当地公安机关验收或同意，擅自设置民用爆炸物品临时存放点	《国家电网有限公司民用爆炸物品安全管理工作规范》第四十七条至四十九条	检查批准文件和现场管理情况	基建部、水新部、产业部	WH2214
29	较大	管理类	危险化学品	危险化学品	作业后剩余的民用爆炸物品未在当班清退回库	《民用爆炸物品安全管理条例》（国务院令第653号）第三十七条、三十九条	现场检查退库记录和销毁记录	基建部、水新部、产业部	WH2215
30	较大	管理类	危险化学品	危险化学品	使用国家重点监管的氢氟酸、苯胺、二甲胺和过氧乙酸等以及国家特别管控的酸碱类危险化学品时，未逐一制定安全管控方案	《国家电网有限公司酸碱类危化品安全管理工作规范》第十四条	检查安全管控方案	水新部、设备部、基建部、后勤部、产业部等部门	WH2216
31	较大	管理类	危险化学品	危险化学品	酸碱类危险化学品储存条件或工艺流程发生变化时，未应及时开展安全条件论证	《国家电网有限公司酸碱类危化品安全管理工作规范》第十六条	安全条件论证记录	产业部、水新部、设备部、基建部、后勤部等部门	WH2217
32	较大	人员类	危险化学品	危险化学品	不满足安全条件的危险化学品运输车辆及载具进入公司管辖的生产、办公场所、专用仓库和作业场所	《国家电网有限公司危险化学品安全管理办法》第三十六条	车辆报备记录和现场踏勘	产业部、水新部、设备部、基建部、后勤部等部门	WH2301
33	较大	人员类	危险化学品	危险化学品	超许可范围从事运输活动	《危险化学品安全管理条例》（中华人民共和国国务院令第591号）第四十三条	现场检查运输记录和实际货物	产业部、水新部、设备部、基建部、后勤部等部门	WH2302

序号	隐患等级	隐患性质	隐患分类	专业子类	隐患内容	判定依据	查证方法	责任部门	隐患编号
34	较大	人员类	危险化学品	危险化学品	爆破作业未严格按爆破技术设计和施工组织设计实施；起爆结束后，未检查确认无盲炮或其他险情擅自解除爆破警戒	《国家电网有限公司民用爆炸物品安全管理工作规范》第五十八条至五十九条	现场检查作业情况	产业部、基建部、水新部	WH2303

电化学储能安全隐患排查标准

序号	隐患等级	隐患性质	隐患分类	专业子类	隐患内容	判定依据	查证方法	责任部门	隐患编号
1	重大	设备类	电化学储能	电化学储能	消防设施未按规定配置并正常运行	《电化学储能电站设计规范》（GB 51048—2014）4.0.3/11 消防；《预制舱式磷酸铁锂电池储能电站消防技术规范》（T/CEC 373—2020）	现场检查，查阅电站（项目）设计	设备部营销部产业部	CN1101
2	重大	设备类	电化学储能	电化学储能	锂电池设备舱（室）与外界连接的电缆沟道未进行防火封堵或封堵不严密，或储能电站内建筑物的防火间距不符合相关技术标准要求	《电化学储能电站设计规范》（GB 51048—2014）11.3.3 隔墙上有管线穿过时，管线四周空隙应采用不燃材料填密实。5.5.2 设备的布置形式，应根据安装环境条件、设备性能要求和当地实际情况确定，宜采用户内布置。《建筑设计防火规范》（GB 50016—2014）11.0.9 管道、电气线路敷设在墙体内或穿过楼板、墙体时，应采取防火保护措施，与墙体、楼板之间的缝隙应采用防火封堵材料填塞密实。住宅建筑内厨房的明火或高温部位及排油烟管道等，应采用防火隔热措施	现场检查	设备部营销部产业部	CN1102
3	重大	设备类	电化学储能	电化学储能	锂电池设备舱（室）未设置感温、感烟、可燃气体探测装置，或可燃气体探测装置未联动跳开进级和簇级断路器、未联动启动通风系统，或通风系统故障失效	《电化学储能电站设计规范》（GB 51048—2014）11.4.3；《预制舱式磷酸铁锂电池储能电站消防技术规范》（T/CEC 373—2020）4.9.3、4.4.3	现场检查	设备部营销部产业部	CN1103

续表

序号	隐患等级	隐患性质	隐患分类	专业子类	隐患内容	判定依据	查证方法	责任部门	隐患编号
4	重大	设备类	电化学储能	电化学储能	锂电池漏液或其连接线发热；变电站电化学储能装置电池未按照单体级温度采集布点，电池管理系统无保护温度、温升速率监测功能	《储能电站运行维护规程》（GB/T 40090—2021）5.4.1	现场检查	设备部营销部产业部	CN1104
5	重大	管理类	电化学储能	电化学储能	锂电池设备设置在人员密集场所或有人生产生活的建筑物内部或其地下空间，或设置在建筑物楼顶且无法实施消防救援，或设置（贴邻）在易燃易爆危险品场所	人员密集场所消防安全管理（GB/T 40248—2021）8.1.1 人员密集场所不应与甲、乙类厂房、仓库组合布置或贴邻布置；除人员密集的生产加工车间外，人员密集场所不应与丙、丁、戊类厂房、仓库组合布置；人员密集的生产加工车间不宜布置在丙、丁、戊类厂房、仓库的上部	现场检查、可行性研究报告	营销部产业部	CN1201
6	较大	设备类	电化学储能	电化学储能	电池系统回路未配置直流断路器、隔离开关等开断、保护设备；电池簇未设置簇级断路器（或接触器、继电器）	《电化学储能电站设计规范》（GB 51048—2014）5.2.5 电池组回路应配置直流断路器、隔离开关等开断、保护设备	检查图纸、出厂资料，查现场设备	设备部营销部产业部	CN2101
7	较大	设备类	电化学储能	电化学储能	电池管理系统（BMS）未取得具有CMA/CNAS检测资质单位出具的型式试验报告，或型式报告与产品铭牌标识的规格型号不一致	《电化学储能电站用锂离子电池管理系统技术规范》（GB/T 34131—2017）第6章；《全钒液流电池管理系统技术条件》（NB/T 42134—2017）	检查检验报告、现场检查	设备部营销部产业部	CN2102
8	较大	设备类	电化学储能	电化学储能	电池管理系统不具备电池过压、欠压、过流、绝缘、过温等保护功能或功能失效，不能发出分级告警信号或跳闸指令	《电化学储能电站设计规范》（GB 51048—2014）5.4.2 应可靠保护电池组，宜具备过压保护、欠压保护、过流保护、过温保护和直流绝缘监测等功能	现场检查相关功能	设备部营销部产业部	CN2103

序号	隐患等级	隐患性质	隐患分类	专业子类	隐患内容	判定依据	查证方法	责任部门	隐患编号
9	较大	设备类	电化学储能	电化学储能	储能电站的并网点开断设备无明显开断点	《电力系统电化学储能系统通用技术条件》（GB/T 36558—2018）5.3 电化学储能系统并网点应安装可闭锁、具有明显开断点、可实现可靠接地功能的开断设备，可就地或远程操作	现场检查，核查设计文件	设备部营销部产业部	CN2104
10	较大	管理类	电化学储能	电化学储能	电池未取得储能电池有效型式试验报告或抽检报告，或梯次利用动力电池未开展性能检测和安全质量专题评估	《新型储能项目管理规范（暂行）》（国能发科技规〔2021〕47号）第十五条 新建动力电池梯次利用储能项目，必须遵循全生命周期理念，建立电池一致性管理和溯源系统，梯次利用电池均要取得相应资质机构出具的安全评估报告。已建和新建的动力电池梯次利用储能项目须建立在线监控平台，实时监测电池性能参数，定期进行维护和安全评估，做好应急预案。《电力储能用锂离子电池》（GB/T 36276—2018）6.3 型式试验	现场检查、报告核查	设备部营销部产业部	CN2201
11	较大	管理类	电化学储能	电化学储能	运维管理单位每年未开展至少一次储能电站运行指标评价，提出运行安全管控措施并督促落实	《电化学储能电站运行指标及评价》（GB/T 36549—2018）4.2	现场检查检测，查看运行记录	设备部营销部产业部	CN2202
12	较大	管理类	电化学储能	电化学储能	储能电站无运行规程，无应急预案和现场处置方案	《储能电站运行维护规程》（GB/T 40090—2021）4.4	现场检查，查阅规程及预案	设备部营销部产业部	CN2203
13	较大	管理类	电化学储能	电化学储能	公司系统投资的储能电站未经项目准入备案	《新型储能项目管理规范（暂行）》（国能发科技规〔2021〕47号）第八条、第十四条 地方能源主管部门依据投资有关法律、法规及配套制度对本地区新型储能项目实行备案管理，并将项目备案情况抄送国家能源局派出机构	资料检查	产业部发展部	CN2204

续表

序号	隐患等级	隐患性质	隐患分类	专业子类	隐患内容	判定依据	查证方法	责任部门	隐患编号
14	较大	管理类	电化学储能	电化学储能	公司系统投资的储能电站项目未经消防审核验收（或备案）	《国家能源局新型储能项目管理规范（暂行）》（国能发科技规〔2021〕47号）新型储能项目在并网调试前，应按照国家质量、环境、消防有关规定，完成相关手续。《建设工程消防设计审查验收管理暂行规定》（住建部令第51号）	资料检查	设备部营销部产业部	CN2205

特种设备安全隐患排查清单

序号	隐患等级	隐患性质	隐患分类	专业子类	隐患内容	判定依据	查证方法	责任部门	隐患编号
1	重大	设备类	特种设备	特种设备	在用特种设备由未取得许可或超许可范围的单位进行制造、安装、改造、重大修理	《中华人民共和国特种设备安全法》第十八、三十二、七十四条；《特种设备安全监察条例》第十四条	现场检查查阅资料	设备部基建部营销部后勤部水新部产业部	TZ1101
2	重大	设备类	特种设备	特种设备	在用特种设备未经定期检验或检验不合格	《中华人民共和国特种设备安全法》第四十条	现场检查查阅资料	设备部基建部营销部后勤部水新部产业部	TZ1102
3	重大	设备类	特种设备	特种设备	在用特种设备为国家明令淘汰、已经报废或应当召回而未召回、被特种设备安全监督管理部门责令整改而未整改的	《中华人民共和国特种设备安全法》第二十六、三十二条	现场检查查阅资料	设备部基建部营销部后勤部水新部产业部	TZ1103
4	重大	设备类	特种设备	特种设备	在用特种设备超过规定参数、使用范围操作使用	《特种设备使用管理规则》2.10（4）	现场检查查阅资料	设备部基建部营销部后勤部水新部产业部	TZ1104
5	重大	设备类	特种设备	特种设备	在用特种设备或其主要部件不符合安全技术规范，安全附件、安全保护装置等缺失、失灵或失效	《关于实施〈特种设备安全监察条例〉若干问题的意见》十八条	现场检查查阅资料	设备部基建部营销部后勤部水新部产业部	TZ1105
6	重大	设备类	特种设备	特种设备	在用特种设备存在无改造、修理价值，或者达到安全技术规范规定的其他报废条件，特种设备使用单位未履行报废义务，采取必要措施消除该特种设备使用功能，并办理使用登记证书注销手续	《中华人民共和国特种设备安全法》第四十八条	现场检查查阅资料	设备部基建部营销部后勤部水新部产业部	TZ1106

序号	隐患等级	隐患性质	隐患分类	专业子类	隐患内容	判定依据	查证方法	责任部门	隐患编号
7	重大	管理类	特种设备	特种设备	特种设备的使用不具备规定的安全距离、安全防护措施	《中华人民共和国特种设备安全法》第三十七条	现场检查查阅资料	设备部基建部营销部后勤部水新部产业部	TZ1201
8	重大	管理类	特种设备	特种设备	特种设备出现故障或者发生异常情况，特种设备使用单位未对其进行全面检查、消除事故隐患，而继续使用	《中华人民共和国特种设备安全法》第四十二条	现场检查查阅资料	设备部基建部营销部后勤部水新部产业部	TZ1202
9	重大	管理类	特种设备	特种设备	未经特种设备安全监督管理部门许可，擅自开展移动式压力容器或气瓶充装活动、电梯维护保养	《中华人民共和国特种设备安全法》第四十五、四十九条	现场检查查阅资料	设备部基建部营销部后勤部水新部产业部	TZ1203
10	较大	设备类	特种设备	特种设备	在用特种设备未按规定办理使用登记并取得使用登记证书	《中华人民共和国特种设备安全法》第三十三条	现场检查查阅资料	设备部基建部营销部后勤部水新部产业部	TZ2101
11	较大	设备类	特种设备	特种设备	与特种设备安全相关的建筑物、附属设施不符合法律、行政法规的规定	《中华人民共和国特种设备安全法》第三十七条	现场检查查阅资料	设备部基建部营销部后勤部水新部产业部	TZ2102
12	较大	设备类	特种设备	特种设备	未按照安全技术规范要求进行锅炉水（介）质处理、锅炉清洗	《中华人民共和国特种设备安全法》第四十四条	现场检查查阅资料	设备部基建部营销部后勤部水新部产业部	TZ2103
13	较大	设备类	特种设备	特种设备	气瓶、移动式压力容器充装用计量器具的选型、规格及检定不符合有关安全技术规范及相应标准规定	《中华人民共和国特种设备安全法》第四十九条	现场检查查阅资料	设备部基建部营销部后勤部水新部产业部	TZ2104

序号	隐患等级	隐患性质	隐患分类	专业子类	隐患内容	判定依据	查证方法	责任部门	隐患编号
14	较大	设备类	特种设备	特种设备	电梯轿厢的装修不符合电梯安全技术规范及相关标准要求	市场监管总局《关于调整〈电梯施工类别划分表〉的通知》	现场检查查阅资料	设备部基建部营销部后勤部水新部产业部	TZ2105
15	较大	设备类	特种设备	特种设备	对安全状况等级为3级压力管道、4级固定式压力容器和检验结论为基本符合要求的锅炉，未制定监控措施或措施不到位	《特种设备事故隐患分类分级 T/CPASE GT 008—2019》附录B第14条	现场检查查阅资料	设备部基建部营销部后勤部水新部产业部	TZ2106
16	较大	管理类	特种设备	特种设备	在用特种设备安装、改造、重大修理过程未经特种设备检验机构监督检验或者监督检验不合格	《中华人民共和国特种设备安全法》第二十五条	现场检查查阅资料	后勤部水新部产业部	TZ2201
17	较大	管理类	特种设备	特种设备	在用特种设备未进行经常性维护保养和定期自行检查，或者在用特种设备的安全附件、安全保护装置等未进行定期校验、检修，并作出记录	《中华人民共和国特种设备安全法》第三十九条	现场检查查阅资料	设备部基建部营销部后勤部水新部产业部	TZ2202
18	较大	人员类	特种设备	特种设备	特种设备管理人员、作业人员未经相应的安全教育和技能培训，未依法取得资格证书	《中华人民共和国特种设备安全法》第十三、十四条	现场检查查阅资料	设备部基建部营销部后勤部水新部产业部	TZ2301

通用航空安全隐患排查清单

序号	隐患等级	隐患性质	隐患分类	专业子类	隐患内容	判定依据	查证方法	责任部门	隐患编号
1	重大	设备类	通用航空	电力作业	直升机电力作业安全工器具未经计量检验，未建立健全试验、检查、使用记录	《国家电网公司电力安全工作规程 线路部分》（Q/GDW 1799.2—2013）13.11.1.4	现场检查查阅资料	设备部、产业部	TH1101
2	重大	设备类	通用航空	机务	航空器应急和救生设备配置不符合要求，或不在合格期内	《一般运行及飞行规则》（CCAR91）第415条	现场检查查阅资料	设备部、产业部	TH1102
3	重大	管理类	通用航空	电力作业	对首次开展作业项目、新开展任务，以及探索性作业科目，未建立针对性现场踏勘、作业任务书研究分析或编制生产作业"三措一案"等管控工作机制	《直升机电力作业安全工作规程》（Q/GDW 10908）5.1；《国网通航公司生产作业"三措一案"管理规范》第12条、第21条	现场检查查阅资料	设备部、产业部	TH1201
4	重大	管理类	通用航空	飞行	对突发天气意外或危及飞行作业安全等特殊情况，未组织针对性应急准备或无相关应急预案（应急处置卡）	《常规作业机组标准化管理手册》第5章	现场检查查阅资料	设备部、产业部	TH1202
5	重大	管理类	通用航空	机务	航空器未按规定进行定检，或定检完成后试飞工作组织流程不完善、检查验证工作不合规	《直升机电力作业安全工作规程》（Q/GDW 10908）6.2、6.3、6.5	现场检查查阅资料	设备部、产业部	TH1203
6	重大	人员类	通用航空	飞行	飞行员违反摄入酒精和药物的限制，或使用了影响人体官能的药品可能对安全产生危害的情况下飞行作业	《一般运行及飞行规则》（CCAR91）第19条	现场检查查阅资料	设备部、产业部	TH1301
7	较大	设备类	通用航空	机务	未建立完善航空器维修、改装工具和设备专用制度，或维修、改装工具和设备不满足民航局和国家电网公司的规定	《直升机电力作业安全工作规程》（Q/GDW 10908）4.4.8、4.4.9	现场检查查阅资料	设备部、产业部	TH2101

序号	隐患等级	隐患性质	隐患分类	专业子类	隐患内容	判定依据	查证方法	责任部门	隐患编号
8	较大	设备类	通用航空	机务	航空器材和危险化学品不在正常状态，未建立专用储存工作机制	《直升机电力作业安全工作规程》（Q/GDW 10908）4.4.8、4.4.9	现场检查查阅资料	设备部、产业部	TH2102
9	较大	管理类	通用航空	调控	国内民航情报区、区域管制区和进近区边界有更新时未及时维护至直升机航线绘制辅助决策系统	《运行控制管理手册》R3 版 9.1.1	现场检查查阅资料	设备部、产业部	TH2201
10	较大	管理类	通用航空	保障	专用运输车未配备与运载危险货物相关适应的应急处理器材、环保和安全防护设备，未悬挂符合国家标准的警示标志	《道路危险货物运输管理规定》第三十一条、第三十三条	现场检查查阅资料	设备部、产业部	TH2202
11	较大	管理类	通用航空	保障	航油车辆不按照规定周期和频次进行综合性能检测和技术等级评定	《道路运输车辆技术管理规定》第二十条	现场检查查阅资料	设备部、产业部	TH2203
12	较大	管理类	通用航空	保障	直升机燃油加注工作不规范，不满足机型要求和航油加注要求	《直升机电力作业安全工作规程》（Q/GDW 10908）6.1；《民用航空器加油规范》（MH/T 6005）第 8 条	现场检查查阅资料	设备部、产业部	TH2204
13	较大	人员类	通用航空	飞行	电力飞行作业人员飞行期间不遵守驾驶舱纪律，不规范使用无线电通信用语回复管制许可或指令，不按标准交接操纵程序执行飞行操纵交接	IB－FS－OPS－002《通用航空飞行组织与实施安全指南》6.2 条；《国网通用航空有限公司运行手册》5.3.3 条	现场检查查阅资料	设备部、产业部	TH2301

安全管理隐患排查清单

序号	隐患等级	隐患性质	隐患分类	专业子类	隐患内容	判定依据	查证方法	责任部门	隐患编号
1	重大	管理类	安全管理	安全责任制	未建立全员安全生产责任清单、领导班子成员安全生产"责任清单"和年度"工作清单"	《中华人民共和国安全生产法》第二十二条	查阅清单资料	安监部、各部门	AG1201
2	重大	管理类	安全管理	安全管理机构	从业人员超过一百人的生产经营单位,未设置安全生产管理机构或配备专职安全生产管理人员;从业人员在一百人以下的单位,未配备专职或兼职安全生产管理人员	《中华人民共和国安全生产法》第二十四条	查阅组织机构和岗位设置资料	人资部	AG1202
3	重大	管理类	安全管理	安全生产投入	未按照国家法律法规、公司规章制度规定安排和使用安全生产费用	《中华人民共和国安全生产法》第二十三条;《企业安全生产费用提取使用管理办法》	查阅费用安排、使用情况	财务部、相关专业部门	AG1203
4	重大	管理类	安全管理	安全教育培训	未对从业人员进行安全生产教育和培训,未将被派遣劳动者纳入本单位统一安全教育和培训	《中华人民共和国安全生产法》第二十八条	查阅安全生产教育和培训资料	安监部、人资部、相关专业部门	AG1204
5	重大	管理类	安全管理	项目审批	项目审查安全把关不严,存在"边审批、边设计、边施工";对于新兴业务,未将安全风险评估论证作为拓展新业务、投资新项目的前置条件	《国务院安委会强化安全责任落实、坚决防范遏制重特大事故的十五条措施》第七条	项目审批资料	相关专业部门	AG1205
6	重大	管理类	安全管理	违法分包	施工总承包单位或专业承包单位将工程分包给不具备相应资质单位	《住房和城乡建设部建筑工程施工发包与承包违法行为认定查处管理办法》(建市规〔2019〕1号)	查阅分包合同、施工单位资质	基建部、特高压部、水新部、产业部	AG1206

序号	隐患等级	隐患性质	隐患分类	专业子类	隐患内容	判定依据	查证方法	责任部门	隐患编号
7	重大	管理类	安全管理	违法发包	建设单位将工程发包给个人或不具有相应资质的单位	《住房和城乡建设部建筑工程施工发包与承包违法行为认定查处管理办法》（建市规〔2019〕1号）	查阅承包合同、施工单位资质	基建部、特高压部、水新部、产业部	AG1207
8	重大	管理类	安全管理	资质挂靠	没有资质的单位或个人借用其他施工单位资质承揽工程；有资质的施工单位相互借用资质承揽工程	《住房和城乡建设部建筑工程施工发包与承包违法行为认定查处管理办法》（建市规〔2019〕1号）	查阅承包合同、分包合同、劳务合同	基建部、特高压部、水新部、产业部	AG1208
9	重大	管理类	安全管理	强制停产	对政府明令禁止和关停的违法矿山、违法建筑、非法运营企业等，未严格执行停电、断电措施	《中华人民共和国安全生产法》第七十条	查阅停电信息	营销部	AG1209
10	重大	管理类	安全管理	"三同时"	新建、改建、扩建工程项目的安全设施未与主体工程同时设计、同时施工、同时投入生产使用	《中华人民共和国安全生产法》第三十一条	查阅设计、施工和投运资料	基建部、特高压部、水新部	AG1210
11	重大	管理类	安全管理	应急预案	应急预案存在严重缺失，未建立应急预案体系，未编制应急预案，未组织开展应急演练	《中华人民共和国安全生产法》第八十一条	查阅应急预案、演练记录	安监部、相关专业部门	AG1211
12	较大	管理类	安全管理	安全责任制	组织、岗位安全责任清单严重缺项漏项，或者与实际机构、岗位设置严重不符	《国家电网有限公司安全责任清单管理办法》（国网安委会〔2019〕2号）	查阅安全责任清单编制修订情况及内容	安监部、各部门	AG2201
13	较大	管理类	安全管理	安委会运转	安委会机构设置不规范，会议未按时召开，未研究解决重大风险隐患和安全生产问题	《国家电网有限公司安全生产委员会工作规则》（国网安委会〔2021〕2号）	查阅会议资料、会议纪要	安监部	AG2202
14	较大	管理类	安全管理	安全责任制	省管产业单位未明确归口部门、专业部门、受委托地市级主办单位安全管理责任界面	《国家电网有限公司省管产业安全生产管理工作规则》（国家电网产业〔2022〕117号）	查阅责任清单	产业部	AG2203

续表

序号	隐患等级	隐患性质	隐患分类	专业子类	隐患内容	判定依据	查证方法	责任部门	隐患编号
15	较大	管理类	安全管理	安全责任制	省公司产业管理公司未配置安全管理专职人员	《国家电网有限公司省管产业安全生产管理工作规则》（国家电网产业〔2022〕117号）	查阅机构人员编制	人资部、产业部	AG2204
16	较大	管理类	安全管理	承发包管理	生产经营项目、场所发包或者出租未与承包单位、承租单位签订专门的安全生产管理协议，未在承包合同、租赁合同中明确各自安全责任	《中华人民共和国安全生产法》第四十九条	承包合同、租赁合同	设备部、后勤部	AG2205
17	较大	管理类	安全管理	承发包管理	承发包双方未依法签订安全协议，未明确双方应承担的安全责任	《国家电网有限公司输变电工程建设安全管理规定》（国家电网企管〔2021〕89号）；《国家电网有限公司业务外包安全监督管理办法》（安监二〔2021〕26号）	查阅承发包双方安全协议	设备部、基建部、相关专业部门	AG2206
18	较大	管理类	安全管理	高危及重要客户	高危重要客户未签订供用电合同或签订超期，法人主体变更后未及时重签，分界点不清晰或与实际不符	《国家电网公司关于高危及重要客户用电安全管理工作的指导意见》（国家电网营销〔2016〕163号）	查阅供电合同	营销部	AG2207
19	较大	管理类	安全管理	安全教育培训	未编制年度安全教育培训计划，未每年组织生产人员安全规程考试	《国家电网有限公司安全教育培训工作规定》（国家电网企管〔2019〕720号）	查阅安全培训记录	安监部、人资部、相关专业部门	AG2208
20	较大	管理类	安全管理	安全生产标准化	未按国家及行业要求开展安全生产标准化建设、年度自评工作	《企业安全生产标准化基本规范》（GB/T 33000—2016）；《企业安全生产标准化建设定级办法》（应急〔2021〕83号）	查阅安全生产标准化自评报告、整改记录	安监部、产业部、水新部	AG2209

序号	隐患等级	隐患性质	隐患分类	专业子类	隐患内容	判定依据	查证方法	责任部门	隐患编号
21	较大	管理类	安全管理	事故整改	未根据安全事故（事件）发生、扩大的原因和责任分析，制定并落实防止同类事故（事件）发生、扩大的组织（管理）措施和技术措施	《国家电网有限公司安全事故调查规程》（国家电网安监〔2020〕820号）	事件调查、"回头看"、后评估	安监部、相关专业部门	AG2210
22	较大	管理类	安全管理	应急预案	应急预案编制前未有效开展安全风险评估和应急资源调查，预案修订不及时，未规范开展预案应急预案论证、评审、备案	《国家电网有限公司应急预案管理办法》（国家电网企管〔2019〕720号）；《国家电网有限公司应急预案评审管理办法》（国家电网企管〔2019〕720号）	查阅应急预案及预案评审、备案情况	安监部、相关专业部门	AG2211